ChatGPT+ Midjourney AI绘画入门教程

AIGC文画学院　编著

化学工业出版社
·北京·

内 容 简 介

目前最火的脚本文案工具是哪款？是ChatGPT。

现在最强大的AI绘画软件是哪款？是Midjourney。

本书集这两款最好用的软件，搭配赠送的教学视频、PPT教学课件、电子教案等，从两条线出发，帮助读者从零基础小白到精通AI绘画！

第一条是工具基础线，聚焦ChatGPT和Midjourney两大AI机器，挖掘其各自的功能来介绍如何利用其服务于AI绘画。书中详细介绍了两大机器的发展趋势、功能应用，特别是文案的生成、优化，AI绘图、以图生图等。

第二条是应用实战线，精选热门的、常用的5类绘画风格，如漫画风格、插画风格、摄影风格、艺术风格、海报风格，联合ChatGPT+Midjourney两大工具进行AI绘画方法介绍。

本书结构清晰，案例丰富，适合想学习AI绘画的人群，特别是插画师、设计师、摄影师、漫画家、电商商家、艺术工作者、短视频编导等，也适合相关专业的学生阅读。

图书在版编目（CIP）数据

ChatGPT+Midjourney AI 绘画入门教程 / AIGC 文画学院编著 . —北京：化学工业出版社，2023.10

ISBN 978-7-122-43888-1

Ⅰ . ① C… Ⅱ . ① A… Ⅲ . ①图像处理软件－教材
Ⅳ . ① TP391.413

中国国家版本馆 CIP 数据核字（2023）第 137406 号

责任编辑：吴思璇　李　辰　孙　炜　　封面设计：异一设计
责任校对：宋　玮　　装帧设计：盟诺文化

出版发行：化学工业出版社（北京市东城区青年湖南街13号　邮政编码100011）
印　　装：北京瑞禾彩色印刷有限公司
710mm × 1000mm　1/16　印张$13^{1}/4$　字数318千字　2024年1月北京第1版第1次印刷

购书咨询：010-64518888　　售后服务：010-64518899
网　　址：http://www.cip.com.cn
凡购买本书，如有缺损质量问题，本社销售中心负责调换。

定　　价：88.00元

前言

我国要加快建设现代化产业体系，构建人工智能等一批新的增长引擎，加快发展数字经济，促进数字经济和实体经济的深度融合，以中国式现代化全面推进中华民族伟大复兴。

在这个数字化时代，人工智能已经深入各行各业，绘画也不例外。AI技术为我们提供了前所未有的创作和表达方式，极大地拓展了艺术的边界。

同时，党的二十大报告把“实施科教兴国战略，强化现代化建设人才支撑”作为独立专章进行系统阐述，彰显出我国不断塑造发展新动能、新优势的决心和气魄。

本书旨在帮助读者从一个新手成长为一名AI绘画高手，借助AI技术的力量，释放自己的创造力和想象力，使绘画作品更加独特、生动和令人赞叹。

在这本书中，将为读者介绍AI绘画的基础知识，包括各种绘画关键词的使用技巧，各种工具（如Midjourney和ChatGPT）的操作方法，以及如何将AI绘画与传统绘画技术相结合，创作出独具个人风格的AI绘画作品。

此外，本书还将通过大量的AI绘画案例，深入探讨绘画的美学原理，培养读者的观察力和艺术感知力。本书将分享实用的AI绘画技巧，帮助读者用AI创造瞬间的美丽和表达内心的情感。

无论你是摄影爱好者、绘画艺术家，还是对AI绘画技术感兴趣的读者，本书都将为你提供宝贵的知识和实践指导。希望本书能够激发读者的创作激情，开启你在AI绘画领域的探索之旅。

最后，感谢你选择这本书，让我们一起进入这个令人着迷的艺术世界，开启一段富有创意和惊喜的学习之旅吧！祝你在这个旅程中收获满满，成为一名真正的AI绘画高手！

特别提示：在编写本书时，是基于当前各种AI工具和软件的界面截取的实际操作图片，但本书从编辑到出版需要一段时间，这些工具的功能和界面可能会有变动，请在阅读时，根据书中的思路，举一反三，进行学习。还需要注意的是，即使是相同的关键词，AI每次生成的文案或图片内容也会有差别。

本书由AIGC文画学院编著，参与编写的人员还有向航志等人，在此表示感谢。由于作者知识水平有限，书中难免有疏漏之处，恳请广大读者批评、指正，沟通和交流请联系微信：2633228153。

编著者

【工具基础线】

第 1 章　新人入门，初识 AI 绘画行业

第 2 章　艺术影响，图像生成技术的发展

第 3 章　创作文案，ChatGPT 文案生成

第 4 章 优化文案，ChatGPT 修改升级

第 5 章 生成图像，Midjourney 高效运作

第 6 章 以文生图，智能文案转优美画

第 7 章 以图生图，将图片智能加工成作品

【应用实战线】

【工具基础线】

第1章　新人入门，初识AI绘画行业

AI绘画的出现给传统艺术带来了新的思考，同时也为艺术创作带来了更多的可能。虽然AI绘画还处在开发阶段，但它的出现无疑为我们的生活增添了一份亮色，随着技术不断地进步，AI绘画也会更加令人向往。

1.1 初识AI绘画

人工智能（Artificial Intelligence，AI）绘画是指利用人工智能技术（如神经网络、深度学习等）进行绘画创作的过程，它是由一系列算法设计出来的，通过训练和输入数据，进行图像生成与编辑的过程。使用AI技术，可以将人工智能应用到艺术创作中，让AI程序去完成艺术的绘制部分。通过这项技术，可以让计算机学习艺术风格，并使用这些知识来创造全新的艺术作品。那么，AI绘画具体是指什么呢？

1.1.1 什么是AI绘画

AI绘画是指人工智能绘画，是一种新型的绘画方式。人工智能通过学习人类艺术家创作的作品，并对其进行分类与识别，然后生成新的图像。只需要输入简单的指令，就可以让AI自动生成各种类型的图像，从而创造出具有艺术美感的绘画作品，如图1-1所示。

图 1-1　AI 绘画效果

AI绘画主要分为两步，首先是对图像进行分析与判断，然后再对图像进行处理和还原。

人工智能通过不断的学习，如今已经达到只需输入简单易懂的文字，就可以在短时间内得到一张效果不错的画面，甚至能根据使用者的要求来对画面进行改变和调整，如图1-2所示。

图 1-2　进行改变和调整前后的画面对比

AI绘画的优势不仅体现在提高创作效率和降低创作成本上，还在于为用户的创作带来了更多的可能。

1.1.2　AI 绘画的意义

AI绘画的意义在于它为我们带来了更多可能和机会，不仅改变了艺术创作的方式，也让更多人能够享受到艺术的美好。

与传统的绘画创作不同，AI绘画的过程和结果依赖于计算机技术和算法，它可以为人们带来全新的艺术体验。传统的艺术家进行创作需要投入大量的时间和精力，而AI绘画则可以迅速地生成大量的艺术作品，并且这些作品有可能超越传统的艺术形式，创造出全新的视觉效果和审美体验。

另外，AI绘画还能够为传统艺术带来更多的可能性和机会。例如，它可以在古代艺术作品的修复和重建中发挥作用，通过深度学习等技术还原失传的艺术作品，使人们能够更好地了解历史文化，并保护和传承文化遗产。

此外，AI绘画还可以为文学作品和电影等艺术形式提供插画和动画制作，使得它们更加生动和有趣，如图1-3所示。因此，AI绘画对文化艺术的发展与保护也具有重要的意义。

图 1-3　用 AI 绘画技术绘制动漫人物

1.1.3　如何看待 AI 绘画

近年来，AI绘画变得越来越流行，通过使用先进的算法，能够快速创作出精美的图片，如图1-4所示。

图 1-4　用 AI 绘画技术绘制精美图片

虽然这些作品看起来像是人类艺术家创作出来的，但有些作品仍然存在着瑕疵。例如AI绘画作品中的人物多出一根手指，如图1-5所示。不过随着AI绘画技术的不断进步，其创作能力也会不断提升。

图 1-5　AI 绘画作品中的人物多出一根手指

AI绘画的便利与高生产效率是毋庸置疑的，它可以为我们带来更多的艺术体验。未来随着技术的不断发展，AI绘画将成为人们生活中不可或缺的一部分。

1.2 AI 绘画的艺术讨论与争议

随着人工智能技术的不断发展，AI绘画逐渐进入了大众的视野，成为饱受关注的话题。然而，尽管AI绘画在技术上取得了一定的突破，但它仍然备受争议，甚至被一部分人抵制。

其中，最主要的争议在于AI是否真正具有创造力。一些人认为，AI绘画只是机器对于已有图像的模仿和还原，缺乏独创性和创造性。而真正的艺术创作应该源于人类的灵感和想象力，而非机器的算法和程序。

此外，还有人担心AI绘画会对人类艺术家的生存和创作造成威胁。如果AI绘画能够以更快的速度生成更多的艺术作品，那么传统的艺术家可能会面临更大的竞争压力，甚至失去创作和生存的空间。

综上所述，AI绘画的发展虽然带来了很多的机遇和挑战，但也需要我们认真思考和探讨，以便更好地利用和发展这一新兴技术。

1.2.1 重新定义原创艺术

在艺术领域，原创性通常被理解为艺术家通过个人独特的思考和创作过程，将新颖的观点、情感和形式表现出来。这种原创性往往体现在艺术家的个人特质和独特风格上。

然而，AI绘画作品的创作过程与人类艺术家有着本质的区别。AI只能从现有的数据库中进行学习，无法解释其生成内容的逻辑，它们更像是对现有艺术作品的一种再现和组合，而非真正意义上的原创，如图1-6所示。

图 1-6 用 AI 绘画技术绘制蒙娜丽莎画像

AI绘画作品与传统绘画作品相比有显著的不同。因此，将AI绘画作品称为原创的艺术作品可能并不恰当，但这并不意味着AI绘画作品一文不值。事实上，AI绘画作品为我们提供了一种全新的艺术表现形式，打破了我们对艺术、创作和作者身份的传统认知。

1.2.2 创作还是窃取

AI绘图技术，就是让人工智能深度学习人类艺术家的作品，吸收大量的数据与知识，依赖于计算机技术和算法所产生的绘画创作方式。而在学习的过程中，如何保证AI学习到的知识内容是否合法或不侵权，成了备受争议的一点。

大部分艺术家需要耗费数天甚至数月才能绘制出的艺术作品，AI在短短几秒钟内就能完成，这两者的创作效率是无法比拟的。

有些人认为，使用AI绘画技术创作的作品拼接了他人的成果，是窃取行为。而另一些人认为，使用AI绘画技术仍然需要设计并调整绘制参数，才能达到最终的图画效果，这样的作品也可以算是创作。

尽管AI在创作过程中扮演了重要的角色，但设计AI绘画的参数，审查作品最终的质量并进行修改等，这些都是创作的一部分，因此使用AI绘画技术可以算是创作。

1.2.3　AI 绘画能否成为艺术

AI绘画作品更像是一种流水线的产物，只是这条流水线有着很多的分支和不同走向，让人们误以为这是其独特性的表现。

但人工智能本质上依然是工业产品，通过输入关键信息来搜索和选择使用者需要的结果，用最快的方式和最低的成本从庞大的数据库中找出匹配度相对较高的资源，创作出新的图画。图1-7所示为利用AI绘画技术生成的插画。

图 1-7　利用 AI 绘画技术生成插画

所以，利用AI作画只是降低了重复学习的成本，所创作出来的作品与真正的艺术还有着较大的差别。

1.2.4　法律与伦理问题

AI绘画也会涉及一些法律和伦理问题，如版权问题、个人隐私等。因此，AI绘画的发展需要在法律和伦理的框架下进行。AI绘画的法律和伦理问题主要包括以下几个方面。

（1）版权问题：由于AI绘画技术可以模仿不同艺术家的风格和特征，因此生成的一些作品可能涉及知识产权的问题，例如专利、商标和版权等，因此需要注意保护知识产权和遵守相关法律法规。

（2）道德问题：一些利用 AI 生成的作品可能存在较为敏感和争议的内容，例如涉及种族、性别、政治以及宗教等问题，这就需要考虑作品的道德和社会责任问题。

（3）隐私问题：AI绘画技术需要使用大量的数据集进行训练，这可能涉及用户的隐私问题，因此需要保护用户的隐私和数据安全。

AI绘画领域涉及的法律与伦理问题，是该领域在长期发展过程中需要认真面对和解决的难题。只有在合理、透明、公正的监管和规范下，AI绘画才能真正发挥其创造性和艺术性，同时避免不必要的风险和纠纷。

1.2.5 AI 绘画是否会取代画师

人工智能技术的出现成了当今社会各界关注的热点话题，其中讨论度比较大的问题便是：AI绘画是否会取代画师。虽然AI绘画可以通过算法来生成图像，但它并不具备人类艺术家的创意与灵感，因此AI绘画不会完全取代人工，而是需要二者的共同参与才能达到更好的效果。图1-8所示为AI绘画经过多次调整完成的图像。

图 1-8　经过多次调整完成的图像

AI绘画为个人用户和行业带来了许多正面影响，我们应该以开放和积极的心态去理解和运用这项技术，并期待AI绘画给我们带来更多有意义的可能。

1.2.6　AI 绘画与传统绘画的不同之处

AI绘画通过算法来根据使用者输入的关键词生成图像，虽然表面上看起来跟传统绘画作品没有区别，但是AI绘画使用的是计算机程序和算法来模拟绘画过程的，而传统的手工绘画则依赖于人的创造力和想象力。下面分别来讲这两者的特点，以及它们之间的差异，如图1-9所示。

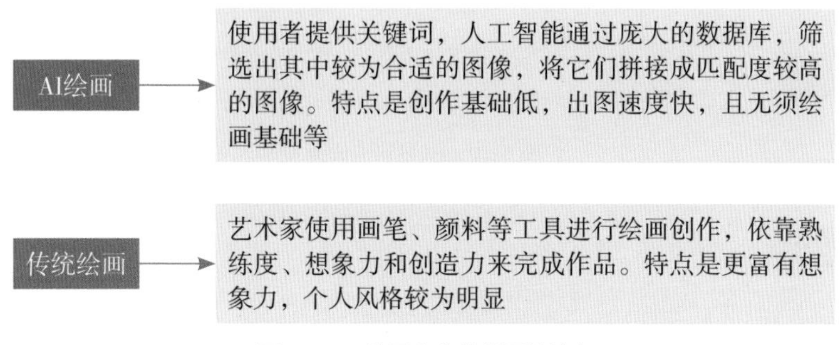

图 1-9　AI 绘画和传统绘画的特点

AI绘画虽然能在短时间内出图，大大提高效率，但是对于一些复杂的绘画任务，例如描绘人物的表情、神态和情感等方面，AI绘画的表现力还有所欠缺。

其次，人类艺术家的个人风格是AI难以模拟的，每一个艺术家都有自己独特的艺术风格和创作思路，这些都是需要日积月累的学习和练习才能获得的，而AI绘画通过数据库模拟和拼凑现有的数据样本，缺乏独特性和创意性。

1.2.7　AI 绘画的利弊

与传统的绘画创作不同，AI绘画的过程和结果都依赖于计算机技术和算法，它可以为艺术家和设计师带来更高效、更精准以及更有创意的绘画创作体验。

AI绘画虽然降低了门槛，提高了效率，但同时也存在着一些利弊。图1-10所示为AI绘画的优势。

图1-10所说的优点确实令人满意，但是同样的，AI绘画也存在着一些弊端，图1-11所示为AI绘画的弊端。

图 1-10　AI 绘画的优势

图 1-11　AI 绘画的弊端

综上所述，AI绘画可以辅助人们完成机械性、重复式的劳动，但最终所形成的商业画稿还是需要人本身来进行完成。

1.3 AI绘画的使用场景

AI绘画在近年来得到了越来越多的关注和研究，其应用领域也越来越广泛，包括游戏、电影、动画、设计以及数字艺术等。总之，AI绘画是一个非常有前途的领域，将会对许多行业和领域产生重大影响。

1.3.1 游戏开发

AI绘画可以帮助游戏开发者快速生成游戏中需要的各种艺术资源，例如人物角色、背景等图像素材。下面是AI绘画在游戏开发中的一些应用场景。

（1）环境和场景绘制：AI绘画技术可以用于快速生成游戏中的背景和环境，例如城市街景、森林、荒野以及建筑等，如图1-12所示。对于这些场景，AI绘画技术可以快速创建，并且可以根据需要进行修改和优化。

图 1-12　使用 AI 绘画技术绘制的游戏场景

（2）角色设计：AI绘画技术可以用于游戏中角色的设计，如图1-13所示。游戏开发者可以快速生成角色草图，然后使用传统绘画工具进行优化和修改。

图 1-13　使用 AI 绘画技术绘制的游戏角色

（3）纹理生成：纹理在游戏中是非常重要的一部分，AI绘画技术可以用于生成高质量的纹理，例如石头、木材和金属等，如图1-14所示。

图 1-14　使用 AI 绘画技术绘制的金属纹理素材

（4）视觉效果：AI绘画技术可以帮助游戏开发者更加快速地创建各种视觉效果，例如烟雾、火焰、水波以及光影等，如图1-15所示。

图 1-15　使用 AI 绘画技术绘制的光影效果

（5）动画制作：AI绘画技术可以用于快速创建游戏中的动画序列，如图1-16所示。利用AI绘画技术可以将手绘的草图转化为动画序列，并根据需要进行调整。

图 1-16　使用 AI 绘画技术绘制的动画序列

AI绘画技术在游戏开发中有着很多的应用，可以帮助游戏开发者高效地生成高质量的游戏内容，从而提高游戏的质量和玩家的体验。

1.3.2　电影和动画

AI绘画技术在电影和动画制作中有着越来越广泛的应用，可以帮助电影和动画制作人员快速生成各种场景和进行角色设计，以及完成特效制作和后期制作，下面是一些具体的应用场景。

（1）前期制作：在电影和动画的前期制作中，AI绘画技术可以用于快速生成概念图和分镜头草图，如图1-17所示，从而帮助制作人员更好地理解角色和场景，以及更好地规划后期制作流程。

图 1-17　使用 AI 绘画技术绘制的电影分镜头草图

（2）特效制作：AI绘画技术可以用于生成各种特效，例如烟雾和火焰等，如图1-18所示。这些特效可以帮助制作人员更好地表现场景和角色，从而提高电影和动画的质量。

图 1-18　使用 AI 绘画技术绘制的火焰特效

（3）角色设计：AI绘画技术可以用于快速生成角色设计草图，如图1-19所示。这些草图可以帮助制作人员更好地理解角色，从而精准地塑造角色形象和个性。

图 1-19　使用 AI 绘画技术绘制的角色设计草图

（4）环境和场景设计：AI绘画技术可以用于快速生成环境和场景设计草图，如图1-20所示。这些草图可以帮助制作人员更好地规划电影和动画的场景和布局。

图 1-20　使用 AI 绘画技术绘制的场景设计草图

（5）后期制作：在电影和动画的后期制作中，AI绘画技术可以用于快速生成高质量的视觉效果，例如色彩修正、光影处理和场景合成等，如图1-21所示，从而提高电影和动画的视觉效果和质量。

图 1-21　使用 AI 绘画技术绘制的场景合成效果

AI绘画技术在电影和动画中的应用是非常广泛的，它可以加速创作过程、提高图像质量和创意创新度，为电影和动画行业带来了巨大的变革和机遇。

1.3.3　设计和广告

在设计和广告领域，使用AI绘画技术可以提高设计效率和作品质量，促进广告内容的多样化发展，增强产品设计的创造力和展示效果，以及提供更加智能、高效的用户交互体验。

AI绘画技术可以帮助设计师和广告制作人员快速生成各种平面设计和宣传资料，如广告海报、宣传图等图像素材，下面是一些典型的应用场景。

（1）设计师辅助工具：AI绘画技术可以用于辅助设计师进行快速的概念草图、色彩搭配等设计工作，从而提高设计效率和质量。

（2）广告创意生成：AI绘画技术可以用于生成创意的广告图像、文字，以及进行广告场景的搭建，从而快速地生成多样化的广告内容，如图1-22所示。

图 1-22　使用 AI 绘画技术绘制的手机广告图片

（3）插画设计：AI绘画技术可以用于插画设计，帮助设计师快速生成、修改或者完善他们的设计作品，提高设计创作效率和创新能力，如图1-23所示。

图 1-23　使用 AI 绘画技术绘制的插画设计作品

（4）产品设计：AI绘画技术可以用于生成虚拟的产品样品，如图1-24所示，从而在产品设计阶段帮助设计师更好地进行设计和展示，并得到反馈和修改意见。

图 1-24 使用 AI 绘画技术绘制的产品样品图

（5）智能交互：AI绘画技术可以用于智能交互，例如智能客服、语音助手等，如图1-25所示，通过生成自然、流畅、直观的图像和文字，提供更加高效、友好的用户体验。

图 1-25 使用 AI 绘画技术绘制的智能客服图

1.3.4 数字艺术

AI绘画成了数字艺术的一种重要形式，艺术家可以利用AI绘画技术的特点创作出具有独特性的数字艺术作品，如图1-26所示。AI绘画的发展对数字艺术的推广有重要作用，它推动了数字艺术的创新。

图 1-26　使用 AI 绘画技术绘制的数字艺术作品

本章小结

本章主要向读者介绍了 AI 绘画的相关基础知识，帮助读者了解了 AI 绘画的概念、艺术讨论与争议，以及使用场景等内容。通过对本章的学习，读者能够更好地认识 AI 绘画。

课后习题

鉴于本章知识的重要性，为了帮助读者更好地掌握所学知识，本节将通过课后习题，帮助读者进行简单的知识回顾和补充。

1. 简述你对 AI 绘画的看法。

2. 除了书中介绍的 AI 绘画应用场景，你还在哪些场景中见过 AI 绘画?

第 2 章　艺术影响，图像生成技术的发展

AI 绘画技术的发展给人们带来了更多的可能，作为新兴的艺术形式，正在悄然地改变着人们的艺术观念和审美标准。未来随着技术的不断进步和应用的拓展，AI 绘画技术将会越来越成熟和得到广泛应用。

2.1 关于AI绘画

随着科技的不断发展，AI绘画迎来了技术性的突破，人们也见识到了人工智能的强大。而在这之前，AI绘画技术只能产出一些难以辨认的模糊图片，如今只需要输入简单易懂的指令，便可以在短时间内绘制出效果不错的图像。本节将介绍AI绘画的溯源、发展趋势，以及有哪些是AI绘画技术无法做到的。

2.1.1 AI 绘画的溯源

早在20世纪50年代，人工智能的先驱们就开始研究计算机如何产生视觉图像，但早期的实验主要集中在简单的几何图形和图案的生成方面。随着计算机性能的提高，人工智能开始涉及更复杂的图像处理和图像识别任务，如图2-1所示，研究者们开始探索将机器视觉应用于艺术创作当中。

图 2-1 AI 绘画技术对复杂图像的处理

直到生成对抗网络的出现，AI绘画的发展速度逐渐开始加快。随着深度学习技术的不断发展，AI绘画开始迈向更高的艺术水平。由于神经网络可以模仿人类大脑的工作方式，它们能够学习大量的图像和艺术作品，并将其应用于创作新的艺术作品。

如今，AI绘画的应用越来越广泛。除了绘画和艺术创作，它还可以应用于游戏开发、虚拟现实以及3D建模等领域，如图2-2所示。同时，也出现了一些AI绘画的商业化应用，例如将AI生成的图像印制在画布上进行出售。

图 2-2　使用 AI 绘画技术绘制游戏开发效果

总之，AI绘画是一个快速发展的领域，在提供更高质量的设计服务的同时，将全球的优秀设计师与客户联系在一起，为设计行业带来了创新性的变化，未来还有更多探索和发展的空间。

2.1.2　AI 绘画的发展趋势

目前，AI绘画已经取得了很大的发展，同时广泛应用到许多领域，如电影、游戏、虚拟现实以及教育等。在这些领域，AI绘画的应用可以大大提高生产效率和艺术创作的质量。AI绘画作为一种技术和艺术的结合，正处于快速发展的阶段。图2-3所示为AI绘画未来的发展趋势。

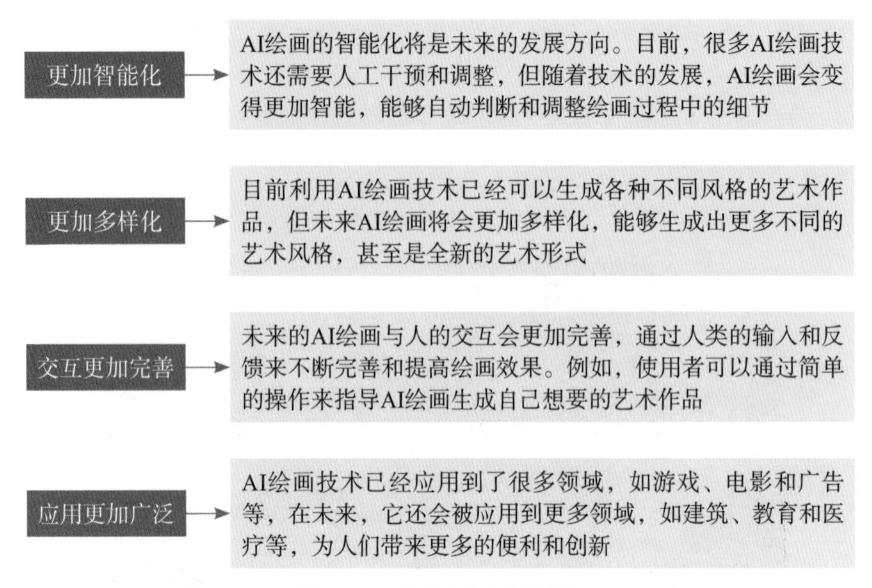

图 2-3　AI 绘画未来的发展趋势

总之，未来AI绘画技术的发展趋势是更加智能化、多样化、交互化和广泛应用化，这将会给人们带来更多艺术和科技上的惊喜。在过去的几年中，AI绘画技术得到了迅速的发展和应用，未来还有更多令人期待的方向等待探索和发展。

2.1.3　AI 绘画无法做到的

尽管 AI 绘画技术已经取得了很大的进步，但仍处于早期阶段，缺乏稳定性，且存在一定的不确定性，目前仍然有一些工作是它们难以胜任的，主要包括图 2-4 所示的几个方面。在这些方面人类仍然是无可替代的，需要靠我们自己的智慧和创造力来解决。

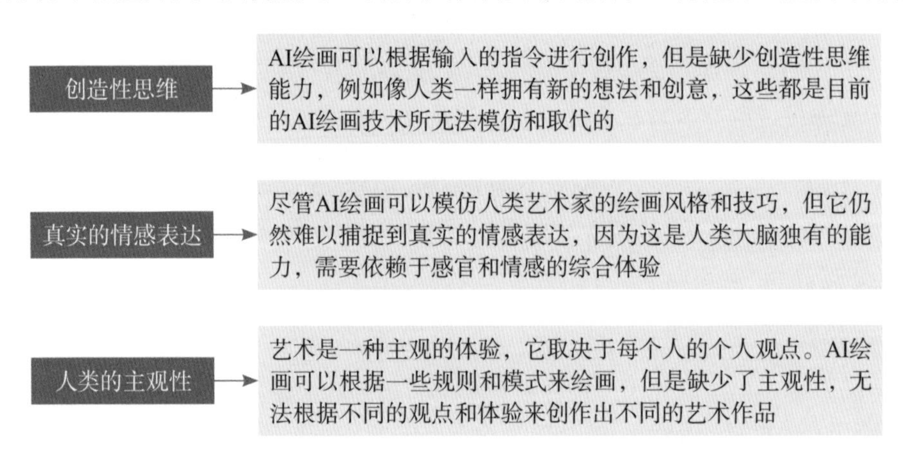

意外和偶然性	→	艺术创作中存在一些偶然性和意外性，例如画家在创作中意外产生的灵感和失误等。这往往会使艺术作品更加独特和有趣，而AI绘画无法模拟出这些意外和偶然性

图 2-4　AI 绘画无法做到的几个方面

2.2 AI绘画产生的影响

AI绘画的出现，对人类的各个领域都产生了很大的影响，随着技术的不断进步，它也将会在各领域发挥越来越重要的作用。本章将具体介绍AI绘画给我们带来的影响。

2.2.1　提升美术生产力

AI绘画技术的发展可以提升美术生产力。通过使用AI技术，美术家们可以更快地制作出精美的艺术作品。因此，美术行业的生产效率也会得到提升，这在一定程度上推动了美术产业的发展。

其中，图2-5所示是使用GAN（生成对抗网络）技术生成的高质量的图像。这种技术可以根据输入的图像生成高度类似的图像。

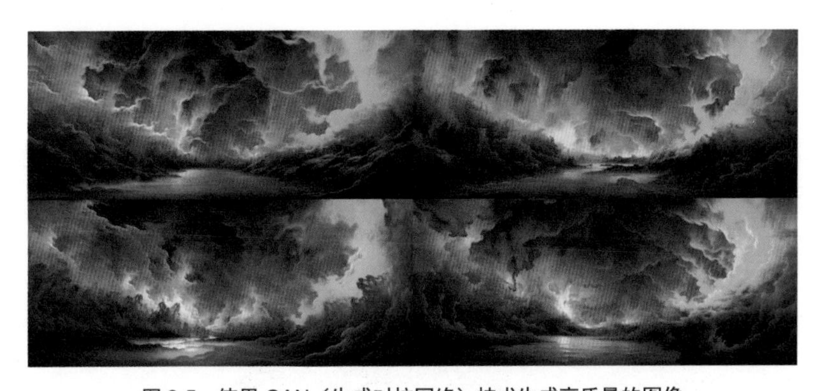

图 2-5　使用 GAN（生成对抗网络）技术生成高质量的图像

使用AI绘画技术可以快速地创作出新的艺术作品，并且在不同的风格之间进行转换。这意味着美术家们可以更快地创作出作品，同时不必在细节方面花费太多时间。

图2-6所示是使用AI绘画技术来自动化地完成一些烦琐任务的，如填充颜色和细节，从而使美术家们可以更快地完成作品。

图 2-6　使用 AI 绘画技术填充颜色和细节

总的来说，AI绘画技术可以帮助美术家们提高生产力，减少他们在一些烦琐的任务上的时间和精力投入，从而让他们有更多的时间和精力去创作更多的艺术作品。

2.2.2　提供商业价值

AI绘画不仅可以提高美术生产力，还可以带来商业价值。

（1）通过AI技术，可以快速地制作定制艺术品，生成客户需要的照片，以满足客户的需求，如图2-7所示。

图 2-7　根据客户的需求生成的图像

（2）AI绘画技术可以为品牌创造独特的视觉元素，例如标志、图标和海报，如图2-8所示。这些元素可以帮助品牌在市场上脱颖而出，并吸引更多的客户。

图 2-8　使用 AI 绘画技术制作海报

（3）AI绘画技术可以用于游戏和影视制作中的角色设计、场景设计以及特效制作，如图2-9所示。这些技术大大减少了制作时间和成本，同时提高了视觉效果。

图 2-9　使用 AI 绘画技术制作场景

总之，AI绘画技术提供了许多商业机会，帮助公司创造独特的品牌形象，提高生产力，减少成本，并开发新的产品和服务。

2.2.3　拓展创造力

AI绘画技术在很大程度上可以拓展创造力，下面将举例说明具体表现在哪些方面，如图2-10所示。

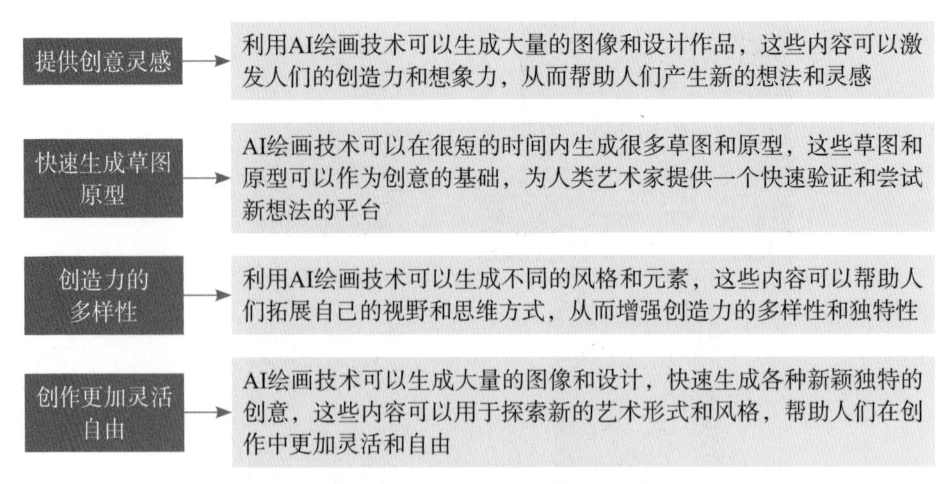

图 2-10　AI 绘画技术对创造力的拓展

总之，AI绘画技术可以为创造力的拓展提供很多机会和可能，它不仅可以作为工具来帮助人们创作，还可以作为启发和灵感的源泉来激发人们的创造力。

2.2.4　完善艺术教育

随着技术的不断发展与进步，AI绘画也将会在艺术教育这一领域发挥越来越重要的作用，下面将举例说明具体表现在哪些方面，如图2-11所示。

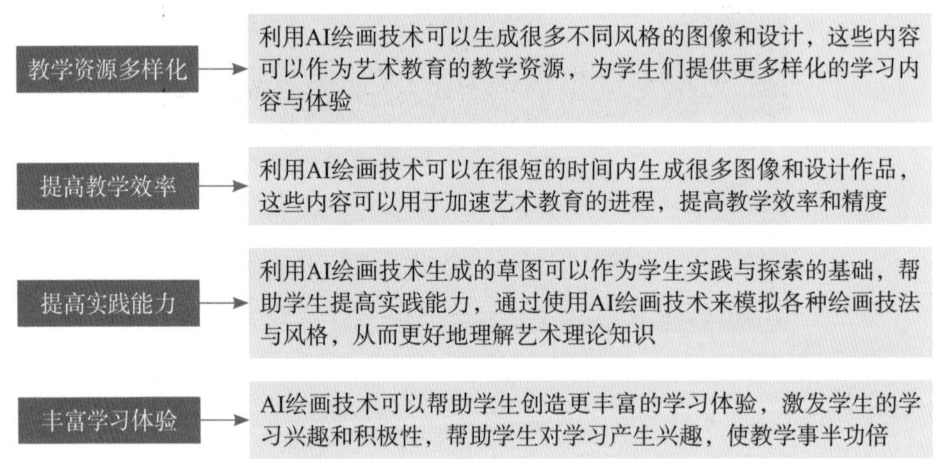

图 2-11　AI 绘画技术对艺术教育的完善

2.2.5　推动市场发展

随着越来越多的AI绘画作品流入市场，传统的绘画作品逐渐面临着新的竞争，这也推动了艺术市场的发展。下面将举例说明表现在哪些方面。

（1）自动化创作：AI绘画技术可以自动生成艺术作品，减少艺术家创作的时间和成本。这使得更多的人可以参与艺术创作，进一步扩大了艺术市场。

（2）个性化服务：AI技术可以用来分析个人的口味和偏好，并且能够生成符合这些偏好的艺术作品，如图2-12所示，满足更多人需求的同时，推动市场的发展。

图 2-12　AI 绘画技术根据偏好生成艺术作品

（3）艺术品评估：AI还可以用于艺术品的评估和鉴定。这使得市场更加透明和公正，消除了一些市场上可能存在的欺诈行为。

（4）创新创作：AI绘画技术为艺术家带来了新的创作思路和方式，使得艺术作品更具创意和独特性。这也使得市场更加丰富多样，推动了市场的发展。

2.2.6　促进文化交流

AI绘画技术不仅推动了艺术市场的发展，同时也促进了全球文化的交流。下面将举例说明具体表现在哪些方面，如图2-13所示。

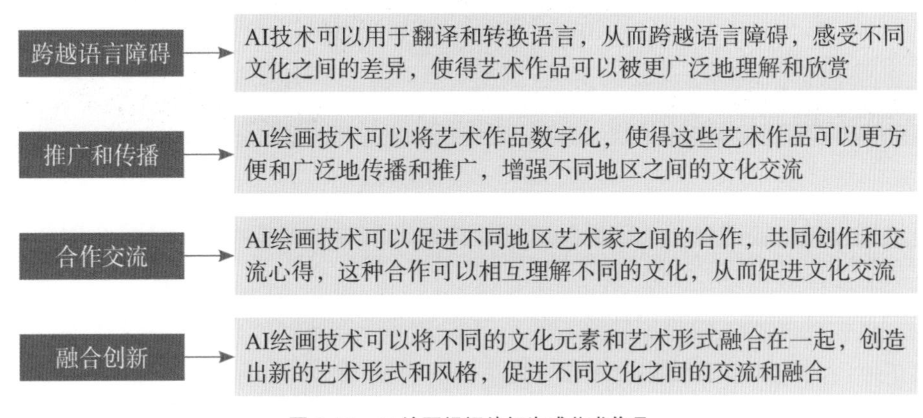

图 2-13　AI 绘画根据偏好生成艺术作品

AI绘画技术促进了全球文化交流，使得艺术更加国际化和更具包容性。这也为不同地区之间的文化交流和相互了解提供了新的机遇和平台。

2.3 AI 绘画技术的原理

AI绘画技术基于深度学习和计算机视觉技术。本节将深入探讨AI绘画技术的原理，帮助大家进一步了解AI绘画，这有助于大家更好地理解AI绘画是如何实现绘画创作的，以及如何通过不断的学习和优化来提高绘画质量。

2.3.1 数据收集模型训练

为了训练AI模型，需要收集大量的艺术作品样本，并进行标注和分类。这些样本可以包括绘画、照片和图片等，如图2-14所示。

图 2-14 收集艺术作品

根据收集的数据样本，使用深度学习技术训练一个AI模型，训练模型时需要设置合适的超参数和损失函数来优化模型的性能。

一旦训练完成，AI模型就可以生成艺术作品，如图2-15所示，生成图像的过程是基于输入图像和模型内部的权重参数进行计算的。

图 2-15　AI 绘画生成艺术作品

2.3.2　生成对抗网络技术

生成对抗网络（Generative Adversarial Networks，GAN）是一种深度学习模型，它由两个主要的神经网络组成：生成器和判别器。GAN的主要原理是生成器和判别器通过博弈来协同工作，最终生成逼真的新数据。

通过训练两个模型的对抗学习，生成与真实数据相似的数据样本，从而逐渐生成越来越逼真的艺术作品。GAN的工作原理可以简单概括为以下几个步骤，如图2-16所示。

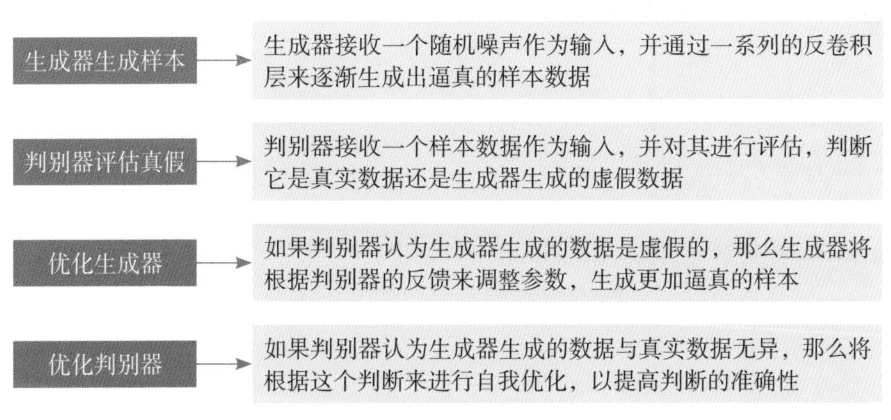

图 2-16　GAN 的工作原理

综上所述，生成器和判别器可以不断地相互优化，最终生成逼真的样本数据。这种技术在图像生成、视频生成以及自然语言处理等领域都有广泛的应用。GAN技术的优点在于它可以生成高度逼真的样本数据，并且可以在不需要任何真实标签数据的情况下训练模型。

2.3.3 卷积神经网络技术

卷积神经网络（Convolutional Neural Network，CNN）是一种用于图像、视频和自然语言处理等领域的深度学习模型。它通过模仿人类视觉系统的结构和功能，实现对图像的高效处理和有效特征提取。卷积神经网络在AI绘画中起着重要的作用，主要表现在以下几个方面。

（1）卷积层：卷积层通过应用一系列的滤波器（也称为卷积核）来提取输入图像中的特征信息。每个滤波器会扫过整个输入图像，并将扫过的部分与滤波器中的权重相乘并求和，最终得到一个输出特征图。

（2）激活函数：在卷积层输出的特征图中，每个像素的值代表了该位置的特征强度。为了加入非线性，一般会在特征图上应用激活函数。

（3）池化层：池化层用于降低特征图的分辨率，并提取更加抽象的特征信息。常用的池化方式包括最大池化和平均池化。

（4）全连接层：全连接层将池化层输出的特征图转换为一个向量，然后通过一些全连接层来对这个向量进行分类。

此外，CNN还可以通过卷积核共享和参数共享等技术来降低模型的计算复杂度和存储复杂度，使得它在大规模数据上的训练和应用变得更加可行。

2.3.4 转移学习技术

转移学习（Transfer Learning）又称为迁移学习，它是一种利用深度学习模型将不同风格的图像进行转换的技术。具体来说，使用卷积神经网络（CNN）模型来提取输入图像的特征，然后使用风格图像的特征来重构输入图像，以使其具有与风格图像相似的风格。下面具体讲解转移学习技术是如何实现的。

（1）收集数据集：为了训练模型，需要收集一组输入图像和一组风格图像。

（2）预处理数据：对数据进行预处理。例如，将图像缩放为相同的大小和形状，并进行归一化和标准化。

（3）训练模型：使用CNN模型和转移学习技术，训练模型以学习如何将输入图像转换为具有风格图像风格的图像。

（4）测试和评估：测试模型的性能，并使用评估指标来评估模型的质量，可以使用不同的评估指标。

（5）部署模型：将模型部署到应用程序中，以对新的输入图像进行转换。

转移学习在许多领域中都有广泛的应用，例如计算机视觉、自然语言处理和推荐系统等。

2.3.5 图像分割技术

图像分割技术是指将一幅图像分解成若干个独立的区域，每个区域都表示图像中的一部分物体或背景。该技术可以用于图像理解、计算机视觉、机器人和自动驾驶等领域。下面介绍实现图像分割技术的方法。

（1）收集数据集：为了训练模型，需要收集一组包含标注的图像。

（2）预处理数据：对数据进行预处理。例如，将图像缩放为相同的大小和形状，并进行归一化和标准化。

（3）训练模型：使用CNN模型和图像分割技术，训练模型以学习如何将图像分为不同的区域。

（4）测试和评估：测试模型的性能，并使用评估指标来评估模型的质量。可以使用不同的评估指标。

（5）部署模型：将模型部署到应用程序中，以对新的图像进行分割。

在AI绘画中，图像分割技术可以用于将艺术作品中的不同部分进行精细化处理。例如，对一个人物的面部进行特殊的处理，如图2-17所示。

图 2-17 对人物面部进行特殊处理

在实际应用中，基于深度学习的分割方法往往具有较好的表现效果，尤其是在语义分割等高级任务中。同时，对于特定领域的图像分割任务，如医学影像分割，还需要结合领域知识和专业的算法来实现更好的效果。

2.3.6 图像增强技术

图像增强技术是指利用计算机视觉技术对一张图像进行处理，使其更加清晰、更加亮丽。这种技术可以用于照片、视频、医学影像等各种领域。以下是常见的几种图像增强方法，如图2-18所示。

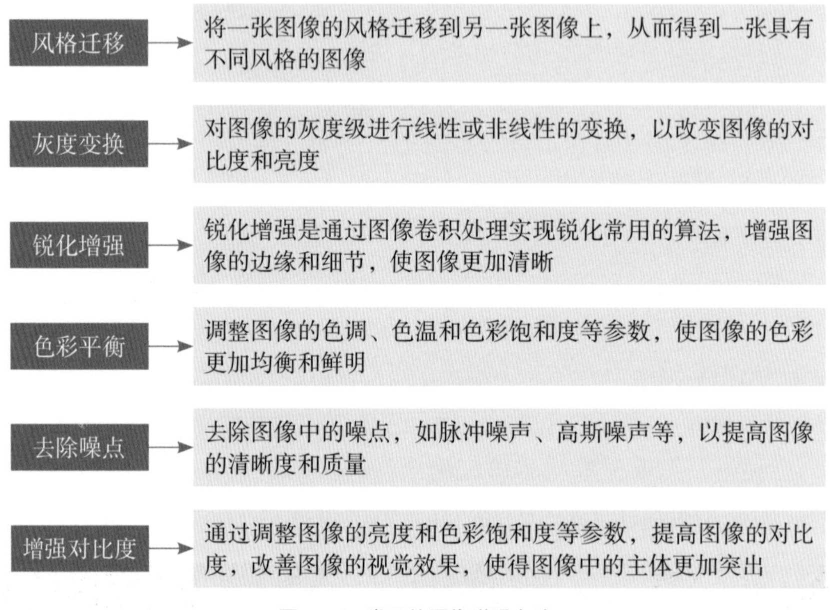

图 2-18　常见的图像增强方法

总之，图像增强有着广泛的应用，这些技术可以单独使用，也可以组合使用，以得到最佳的效果，帮助改善图像的质量和性能，提高图像处理的效率。

本章小结

本章主要介绍了 AI 绘画的溯源和产生的影响等知识，帮助读者了解 AI 绘画、AI 绘画产生的影响以及 AI 绘画技术的原理等内容。通过对本章的学习，读者能够对 AI 绘画有更深的理解。

课后习题

鉴于本章知识的重要性，为了帮助读者更好地掌握所学知识，本节将通过课后习题，帮助读者进行简单的知识回顾和补充。

1. 你觉得 AI 绘画还产生了什么影响？
2. 简述你对 AI 绘画技术原理的看法。

第 3 章　创作文案，ChatGPT 文案生成

使用 ChatGPT 模型可以生成自然流畅的文案，ChatGPT 的文案生成能力是通过大规模数据训练和模型架构的优化来实现的，它可以用于内容创作和自动回复等应用场景。未来，随着技术的不断进步，ChatGPT 也将会迎来更加广阔的发展前景。

3.1 认识 ChatGPT

ChatGPT是一个基于GPT（Generative Pre-trained Transformer）的聊天型AI模型。GPT是一种使用深度学习技术进行预训练的自然语言处理模型，由OpenAI开发，通过预训练学习大规模文本数据的语言含义和语言规则，能够生成连贯且具备上下文的文本回复。本节将具体介绍ChatGPT的相关知识。

3.1.1 ChatGPT 的发展与历史

ChatGPT的历史最早可以追溯到2018年，在这一年OpenAI首次推出GPT模型。GPT是一种自然语言处理模型，通过预测训练和微调的方式，能够生成连贯的文本回复。

ChatGPT的发展离不开深度学习和自然语言处理技术的不断进步，这些技术的发展使得机器可以更好地理解人类语言，并且能够进行更加精准和智能的回复，然后在特定任务上进行微调，以适用工具体应用现场。这种预训练微调的方法在自然语言处理领域取得了显著的突破，为后续的研究和发展奠定了基础。

随着技术的不断进步和应用场景的不断扩展，GPT不断得到升级和改进。其中，OpenAI在2023年推出了GPT-4模型，这是一个巨大的突破，是OpenAI算法里程碑的代表作，为多模态大型语言模型。GPT-4模型的技术基础是上一代模型GPT-3，它可以支持文字和图片的输入，输出文字内容。GPT-4回答的准确性不仅大幅提高，还具备更高水平的识图能力，且能够生成歌词和创意文本，实现风格变化。此外，GPT-4的文字输入限制也提升至了2.5万字，且对英语以外的语种有了更多的优化。

ChatGPT为人类提供了一种全新的交流方式，从最早的GPT模型到ChatGPT和GPT-4，OpenAI在自然语言处理领域取得了重要的突破，不断努力提升模型的能力，以更好地服务于人类的交互需求。

3.1.2 自然语言处理的发展史

ChatGPT采用深度学习技术，通过学习和处理大量的语言数据集，从而具备了自然语言理解和生成的能力。自然语言处理（Natural Language Processing，NLP）是计算机科学与人工智能交叉的一个领域，它致力于研究计算机如何理解、处理和生成自然语言，是人工智能领域的一个重要分支，其发展历史可以追溯到20世纪50年代。

20世纪50年代，研究者开始尝试使用计算机来理解自然语言，早期的工作主要集中在语言翻译和语言分析上，采用的方法主要是基于规则的方法。随着机器学习等技术的发展，研究者开始使用基于统计的方法进行自然语言处理。这种方法基于大量语言资料库数据进行训练，学习语言的统计规律和模型，然后使用这些模型来进行语言分析和翻译等任务。

到了20世纪80年代，随着神经网络技术的发展，研究者开始将其应用于自然语言处理领域。这种方法利用神经网络的强大表现力，能够更好地捕捉语言的复合性和上下信息。除此之外，还出现了一些新的自然语言处理任务，如情感分析、文本分类和信息提取等。

如今，随着互联网和社交媒体等技术的兴起，自然语言处理面临着更多的挑战和机遇。通过在大规格模型上进行预训练，能够学习到更丰富的语言含义和语言知识，提取文本的语义和结构信息，从而让文本理解和生成变得更高效、准确，实现人机交互的自然语言处理。

总之，自然语言处理的发展经历了从基于规则的方法到基于统计的方法，再到基于神经网络的方法三个阶段，每个阶段都有其特点和局限性，且不断面临新的挑战和机遇。未来，随着技术的不断进步和应用场景的不断拓展，自然语言处理也将会迎来更加广阔的发展前景。

3.1.3 ChatGPT 的产品模式

ChatGPT是一个基于大规模语言模型的产品，它可以与用户进行对话，并提供各种语言相关的功能和服务，它的产品模式主要是提供自然语言生成和理解的服务。ChatGPT的产品模式包括以下两个方面。

（1）API服务：ChatGPT可以提供API服务，供开发者或企业集成到自己的产品或服务中，实现智能客服、聊天机器人和文本摘要等功能。

★ 专家提醒 ★

应用程序编程接口（Application Programming Interface，API）是一种提供给其他应用程序访问和使用的软件接口。在人工智能领域中，开发者或企业可以通过 API 服务将自然语言处理或计算机视觉等技术集成到自己的产品或服务中，以提供更智能的功能和服务。

（2）自研产品：ChatGPT作为自研产品，可以用于智能客服、聊天机器人、语音识别、文本摘要、文章生成以及语言翻译等多种应用场景，以满足用户对智能交互的需求。

总之，ChatGPT的产品模式是基于其强大的自然语言生成能力的，为各种应用场景提供定制化的自然语言处理服务，无论是提供API服务还是自研产品，ChatGPT都需要进行不断的优化，以提供更高效、更准确的服务，从而赢得用户的信任和认可。

3.1.4　ChatGPT 的主要功能

ChatGPT的主要功能是自然语言处理和生成，包括文本的自动摘要、文本分类、对话生成、文本翻译、语音识别以及语音合成等方面。ChatGPT可以接受输入文本、语音等形式的内容，然后对其进行语言理解、分析和处理，最终生成相应的输出结果。

例如，用户可以在ChatGPT中输入需要翻译的文本，如“Translate my need for help into Spanish（将我需要帮助翻译成西班牙语）”，ChatGPT将自动检测用户输入的源语言，并翻译成用户所选择的目标语言，如图3-1所示。

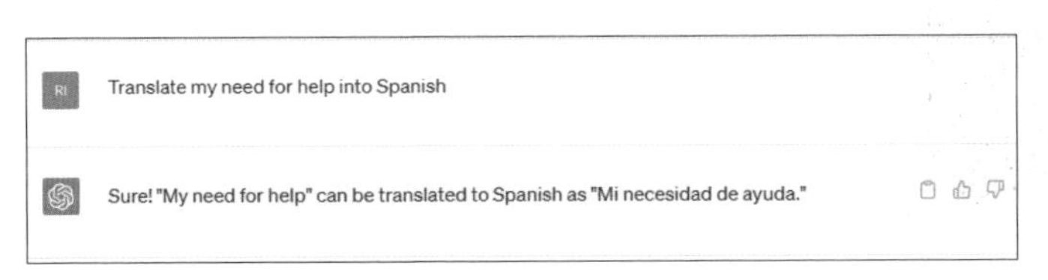

图 3-1　ChatGPT 的文本翻译功能

ChatGPT主要基于深度学习和自然语言处理等技术来实现这些功能，它采用了类似于神经网络的模型进行训练和推理，模拟人类的语言处理和生成能力，可以处理大规模的自然语言数据，生成质量高、连贯性强的语言模型，具有广泛的应用前景。

除了以上提到的常见功能，ChatGPT还可以用于自动信息检索、推荐系统和智能客服等领域，为各种应用场景提供更加智能、高效的语言处理和生成能力。

3.2 ChatGPT 的操作技巧

需要注意的是，ChatGPT以大量文本数据进行训练，是基于自然语言处理技术的，因此它可能无法在任何情况下都提供完全准确的答案。但是，随着时间的推移，ChatGPT会不断地学习和改进，变得更加智能和准确。本节将介绍ChatGPT的一些使用方法和优化技巧，通过对这些基本使用方法的掌握，可以帮助用户更好地利用ChatGPT的强大功能。

3.2.1　掌握 ChatGPT 的基本用法

扫码看教学视频

登录ChatGPT后，将会打开ChatGPT的聊天窗口，即可开始进行对话。用户可以输入任何问题或话题，ChatGPT将尝试回答并提供与主题有关的信息，下面介绍具体的操作方法。

步骤 01 打开ChatGPT，单击底部的输入框，如图3-2所示。

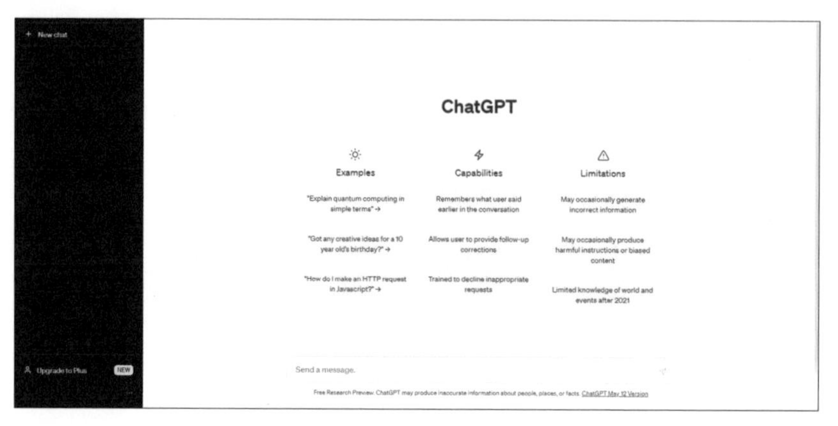

图 3-2　单击底部的输入框

步骤 02 输入相应的关键词，如“对比一下梯形和三角形的不同之处，并做成表格”，如图3-3所示。

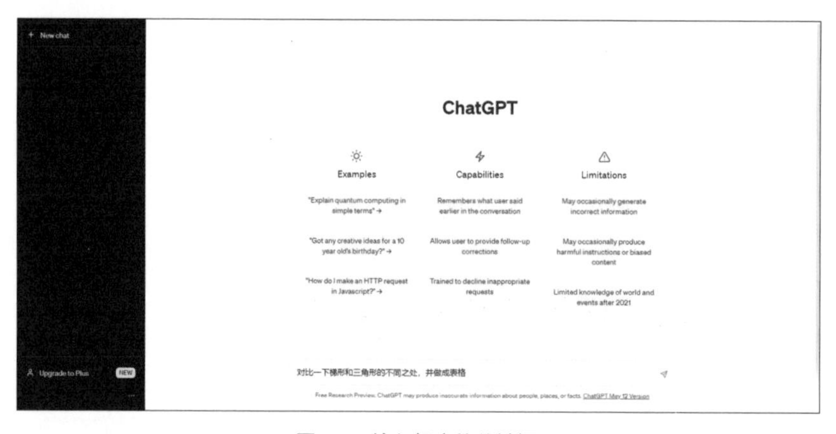

图 3-3　输入相应的关键词

步骤 03 单击输入框右侧的发送按钮▶或按【Enter】键，ChatGPT即可根据要求生成相应的表格，如图3-4所示。

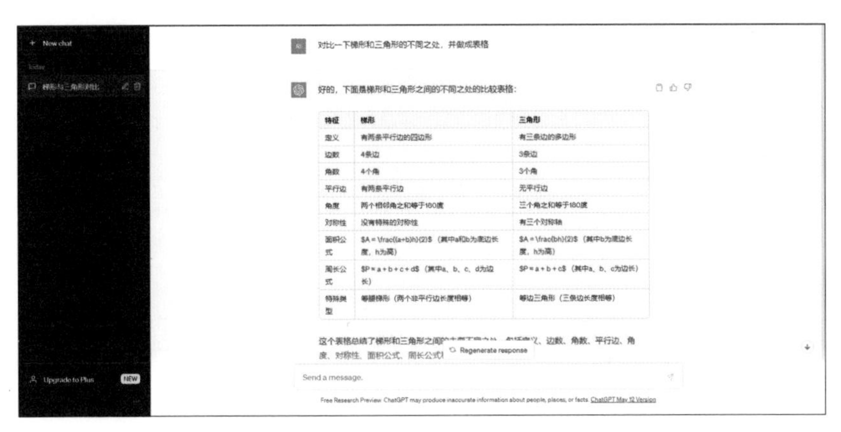

特征	梯形	三角形
定义	有两条平行边的四边形	有三条边的多边形
边数	4条边	3条边
角数	4个角	3个角
平行边	有两条平行边	无平行边
角度	两个相邻角之和等于180度	三个角之和等于180度
对称性	没有特殊的对称性	有三个对称轴
面积公式	$A = \frac{(a+b)h}{2}$（其中a和b为底边长度，h为高）	$A = \frac{bh}{2}$（其中b为底边长度，h为高）
周长公式	$P = a+b+c+d$（其中a、b、c、d为边长）	$P = a+b+c$（其中a、b、c为边长）
特殊类型	等腰梯形（两个非平行边长度相等）	等边三角形（三条边长度相等）

图 3-4　ChatGPT 生成相应的表格

3.2.2　让 ChatGPT 变得更生动灵活

扫码看教学视频

一般情况下，ChatGPT生成的文案虽然非常严谨，但略显死板、单调。想让ChatGPT的回答更灵活，用户可以在关键词的结尾加上这条指令：Please generate the answer at *x*或use a temperature of *x*（请用x的温度生成答案），下面通过实操对比一下。

步骤 01 首先在ChatGPT中输入“请写一段关于大象的描述”，没有添加温度指令，生成的答案如图3-5所示。

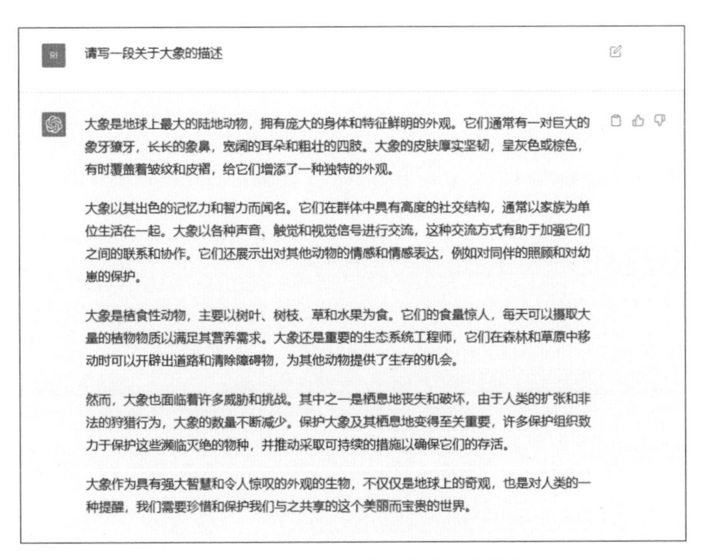

图 3-5　没有添加温度指令生成的答案

★ 专家提醒 ★

x 为一个数值，一般设置在 0.1 ~ 1 范围内。低温度可以让 ChatGPT 的回答变得稳重且有保障，高温度则可以让 ChatGPT 充满创意与想象力。

步骤 02 接下来再加上温度指令。在ChatGPT中输入“请写一段关于大象的描述，use a temperature of 1”，生成的答案如图3-6所示。

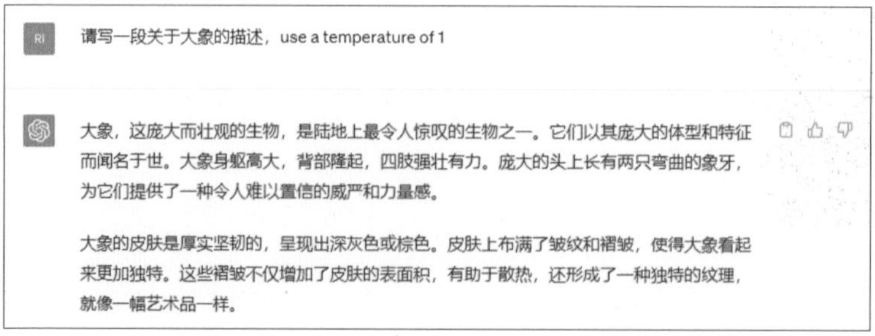

RI 请写一段关于大象的描述，use a temperature of 1

大象，这庞大而壮观的生物，是陆地上最令人惊叹的生物之一。它们以其庞大的体型和特征而闻名于世。大象身躯高大，背部隆起，四肢强壮有力。庞大的头上长有两只弯曲的象牙，为它们提供了一种令人难以置信的威严和力量感。

大象的皮肤是厚实坚韧的，呈现出深灰色或棕色。皮肤上布满了皱纹和褶皱，使得大象看起来更加独特。这些褶皱不仅增加了皮肤的表面积，有助于散热，还形成了一种独特的纹理，就像一幅艺术品一样。

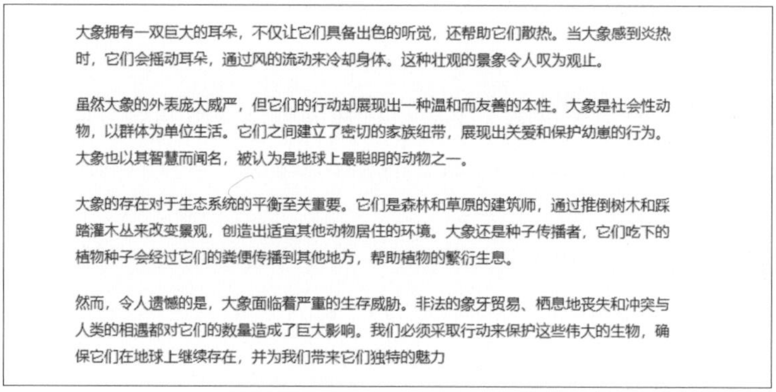

大象拥有一双巨大的耳朵，不仅让它们具备出色的听觉，还帮助它们散热。当大象感到炎热时，它们会摇动耳朵，通过风的流动来冷却身体。这种壮观的景象令人叹为观止。

虽然大象的外表庞大威严，但它们的行动却展现出一种温和而友善的本性。大象是社会性动物，以群体为单位生活。它们之间建立了密切的家族纽带，展现出关爱和保护幼崽的行为。大象也以其智慧而闻名，被认为是地球上最聪明的动物之一。

大象的存在对于生态系统的平衡至关重要。它们是森林和草原的建筑师，通过推倒树木和踩踏灌木丛来改变景观，创造出适宜其他动物居住的环境。大象还是种子传播者，它们吃下的植物种子会经过它们的粪便传播到其他地方，帮助植物的繁衍生息。

然而，令人遗憾的是，大象面临着严重的生存威胁。非法的象牙贸易、栖息地丧失和冲突与人类的相遇都对它们的数量造成了巨大影响。我们必须采取行动来保护这些伟大的生物，确保它们在地球上继续存在，并为我们带来它们独特的魅力

图 3-6　添加温度指令后生成的答案

可以看到，两个回答的对比非常明显，没有温度指令生成的回答比较机械化，而添加温度指令后生成的回答则犹如小说情节一样，更有吸引力。

3.2.3　让 ChatGPT 自动添加图片

通常情况下，用户在使用ChatGPT撰写文章时，只能生成文字内容，用户需要在后续润色的时候再通过其他编辑软件去添加图片。

例如，在ChatGPT中输入“描述一下樱花树下，并给我一张樱花树下的图片”，生成的文章内容如图3-7所示。可以看到，虽然ChatGPT尝试去调用网络中符合要求的图片，但图片无法显示出来。

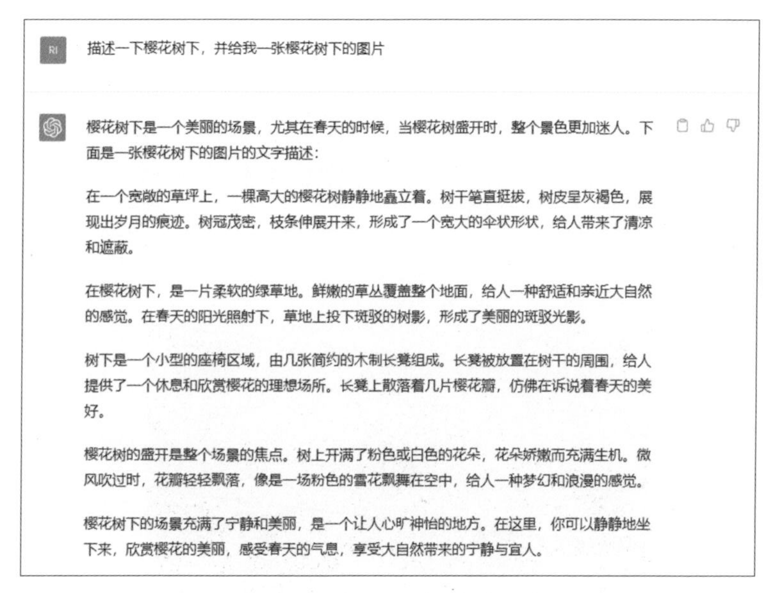

图 3-7　无法显示图片的文章内容

我们可以用Markdown（轻量级标记语言）以及Unsplash（免费图库）来辅助完成。Unsplash是一个免费高质量图片共享网站，图片可以商用。Markdown是一种轻量级的标记语言，它允许用户使用易读易写的纯文本格式编写文档，并通过一些简单的标记语法来实现文本的格式化。

在ChatGPT中输入“接下来我会给你指令，生成相应的图片，我希望你用Markdown语言生成，不要用反引号，不要用代码框，你需要用Unsplash API，遵循以下格式：source.unsplash.com/1600x900/?< PUT YOUR QUERY HERE >。你明白了吗？”如图3-8所示。

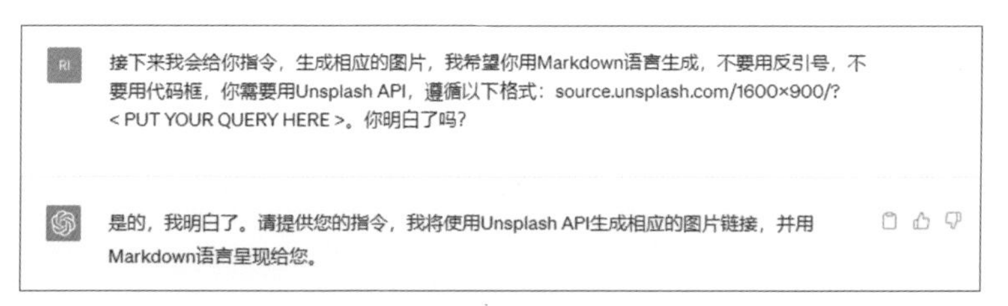

图 3-8　图文并茂的文章内容

接下来将上面的关键词修改为“描述一下樱花树下，并给我一张樱花树下的图片，发送图片时请用Markdown语言生成，不要反斜线，不要代码框，不要文字介绍，XXX（此处为图片链接）”，即可获得图文并茂的文章内容，如图3-9所示。

RI 描述一下樱花树下，并给我一张樱花树下的图片，发送图片候请用Markdown语言生成，不要反斜线，不要代码框，不要文字介绍，

在樱花树下，柔和的阳光透过细嫩的花瓣洒下，形成了一幅宁静而美丽的画面。花瓣飘落在地面上，形成一片粉色的花海。微风吹过，轻轻摇曳的樱花树枝带来一丝清香，弥漫在空气中。在这个安静的角落，人们可以欣赏到樱花的绚丽和生命的美好。

图 3-9　图文并茂的文章内容

3.2.4　让 ChatGPT 模仿写作风格

扫码看教学视频

ChatGPT可以模仿各种平台或作者的写作风格，用户在输入关键词时，只需要告诉ChatGPT要模仿的平台或作者的具体风格和特征，ChatGPT会尽可能地模仿他们的风格来写作。下面介绍使用ChatGPT模仿小红书和微信公众号的风格生成文章的方法。

步骤 01 在ChatGPT中输入“你知道小红书吗”，ChatGPT给出的回答如图3-10所示，这一步是为了让ChatGPT更好地定位文案的受众和风格。

RI 你知道小红书吗

是的，我知道小红书。小红书是一个中国社交电商平台，它最初是一个分享海外购物心得和心得体验的社区，后来逐渐发展成为一个结合社交、购物和内容创作的平台。用户可以在小红书上分享自己的购物心得、旅行经验、美妆护肤技巧等，并且可以通过小红书购买推荐的产品。小红书上有许多用户生成的内容，包括用户的购物清单、试用报告、护肤品测评等，吸引了广大用户的关注。

图 3-10　“你知道小红书吗”的回答

步骤 02 在ChatGPT中输入“用小红书的内容风格撰写一篇200字的文章”，ChatGPT即可根据小红书的内容风格来生成文章，如图3-11所示。

图 3-11　根据小红书的内容风格生成的文章

ChatGPT提供的文案只是基于语言模型训练生成的，用户需要根据具体的情况进行进一步的修改和优化。同时，在使用ChatGPT进行文案写作时，用户也需要根据自己的经验和判断，进行适当的调整和改进，使文案有更高的创意性、准确性和可读性。

下面再以微信公众号平台为例，让ChatGPT写公众号文章。

扫码看教学视频

步骤 01 在ChatGPT中输入“你知道微信公众号吗”，ChatGPT给出的回答如图3-12所示。这一步的目的同样是为了让ChatGPT更好地定位文案的受众和风格。

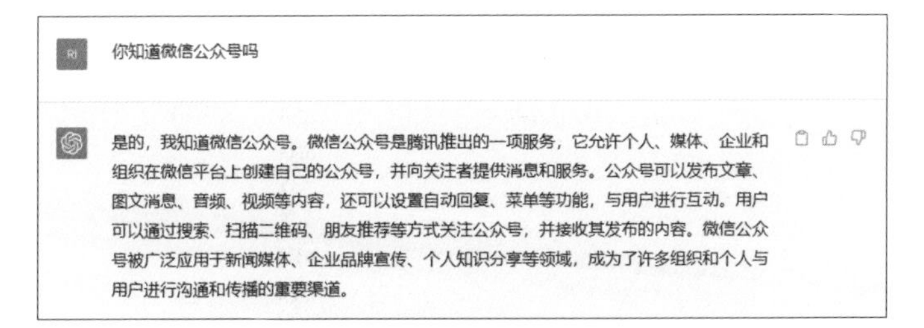

图 3-12　“你知道微信公众号吗”的回答

步骤 02 在ChatGPT中输入“微信公众号的文章内容有哪些特点”，ChatGPT给出的回答如图3-13所示，可以看到ChatGPT列出了微信公众号的文章内容要点。

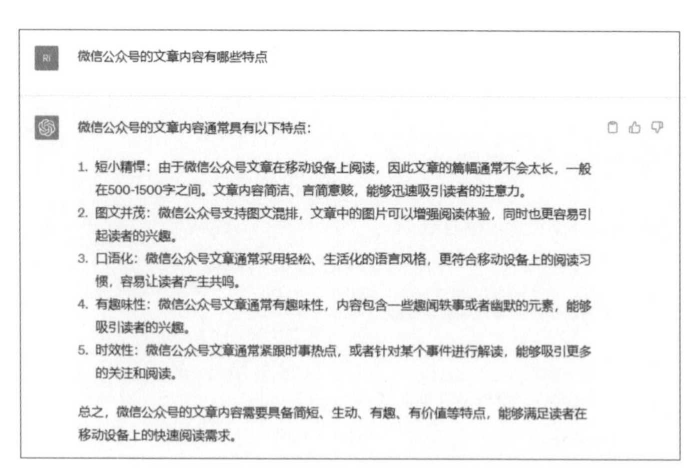

图 3-13　“微信公众号的文章内容有哪些特点”的回答

步骤 03 在ChatGPT中输入“用微信公众号的内容风格撰写一篇500字的文章”，ChatGPT即可根据微信公众号的内容风格来生成相应的文章，如图3-14所示。

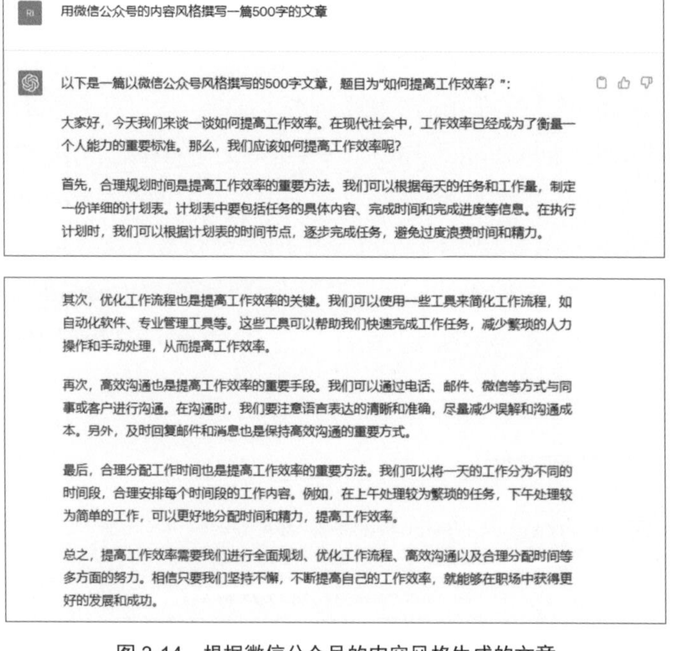

图 3-14　根据微信公众号的内容风格生成的文章

3.2.5　有效的 ChatGPT 提问结构

扫码看教学视频

同样是使用ChatGPT生成的答案，无效提问和有效提问获得的答案质量可以说有着天壤之别。下面介绍高质量答案的提问结构。

步骤01 首先来看一个无效的提问案例。在ChatGPT中输入“我要去长沙旅游，帮我推荐一些景点”，ChatGPT的回答如图3-15所示。可以看到，推荐的结果跟百度搜索的结果没有太大的区别。

我要去长沙旅游，帮我推荐一些景点

当然，很高兴能帮您规划长沙的旅游行程！长沙是一个历史悠久、文化底蕴深厚的城市，也是一个充满现代化元素的现代化城市。以下是我为您推荐的一些长沙的景点：

1. 橘子洲头：橘子洲头位于湘江之中，是一个很有名的景点。这里的历史可以追溯到唐朝，有着浓厚的文化底蕴。景点内有很多文化遗址和历史建筑，如岳麓书院和西湖会馆等等。
2. 长沙岳麓山：长沙岳麓山是长沙的标志性山脉，它高达300米以上，是南岳衡山的余脉之一。岳麓山上有着很多文化和历史遗迹，如岳麓书院和岳麓寺等。
3. 湖南省博物馆：湖南省博物馆是一个非常好的博物馆，展示了湖南省的历史和文化，以及中国的各种文物和艺术品。这个博物馆内有很多珍贵的藏品，如马王堆汉墓出土的丝绸书画等等。
4. 梅溪湖公园：梅溪湖公园是一个非常美丽的公园，这里有着湖水、山峰、花园和建筑等各种自然和人文景观。在这里您可以体验船划湖上的乐趣，也可以欣赏建筑之美。
5. 长沙国际会展中心：长沙国际会展中心是一个现代化的建筑群，也是一个非常重要的会展中心。这里经常会举办各种展览和会议，是了解长沙当代发展的一个重要场所。

希望这些景点的介绍对您有所帮助，祝您在长沙旅游愉快！

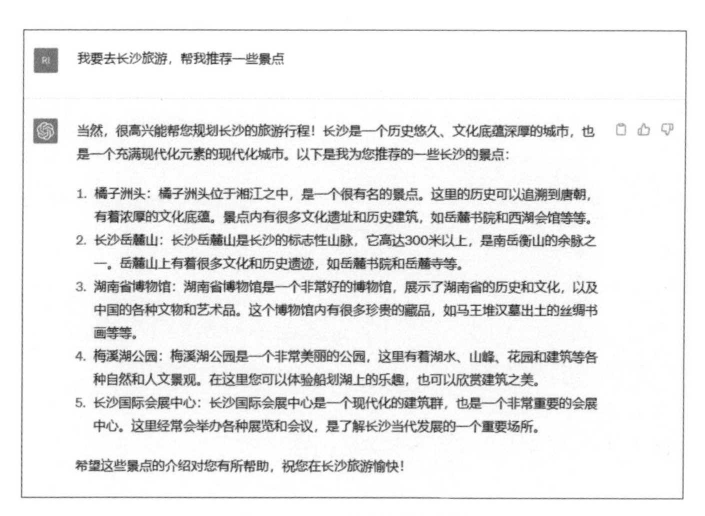

图 3-15　无效的提问案例

步骤02 接下来分析有效的提问方法。在ChatGPT中输入“我要在10月1号去长沙旅游，为期一天，住在五一广场附近；请你作为一名资深导游，帮我制订一份旅游计划；我希望时间宽松，不用太过奔波；另外，请写出乘车方式”，ChatGPT的回答如图3-16所示。

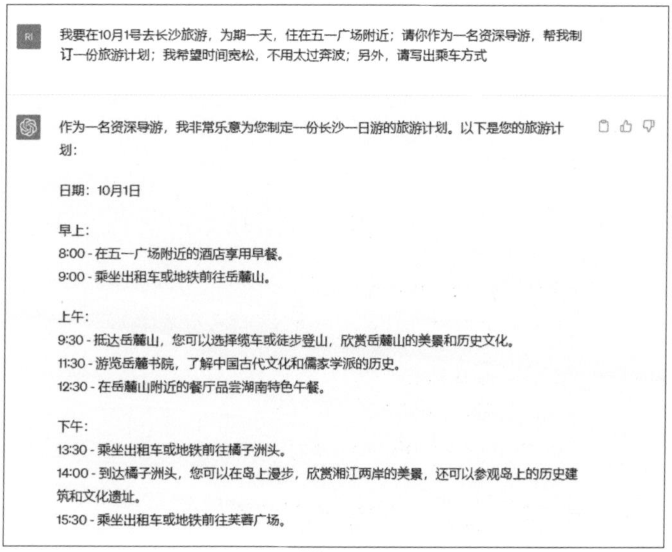

我要在10月1号去长沙旅游，为期一天，住在五一广场附近；请你作为一名资深导游，帮我制订一份旅游计划；我希望时间宽松，不用太过奔波；另外，请写出乘车方式

作为一名资深导游，我非常乐意为您制定一份长沙一日游的旅游计划。以下是您的旅游计划：

日期：10月1日

早上：
8:00 - 在五一广场附近的酒店享用早餐。
9:00 - 乘坐出租车或地铁前往岳麓山。

上午：
9:30 - 抵达岳麓山，您可以选择缆车或徒步登山，欣赏岳麓山的美景和历史文化。
11:30 - 游览岳麓书院，了解中国古代文化和儒家学派的历史。
12:30 - 在岳麓山附近的餐厅品尝湖南特色午餐。

下午：
13:30 - 乘坐出租车或地铁前往橘子洲头。
14:00 - 到达橘子洲头，您可以在岛上漫步，欣赏湘江两岸的美景，还可以参观岛上的历史建筑和文化遗址。
15:30 - 乘坐出租车或地铁前往芙蓉广场。

图 3-16

傍晚：
16:00 - 参观芙蓉广场，欣赏湖南的文化和美景。您可以在广场上散步，或者购买当地特色小吃和纪念品。
18:00 - 在芙蓉广场附近的餐厅享用晚餐，品尝湖南特色美食。

晚上：
19:30 - 可以在五一广场附近的夜市或商场逛逛，体验长沙的夜生活。
21:00 - 结束愉快的一天旅程，返回酒店休息。

乘车方式：

- 出租车：在长沙，出租车是一种方便快捷的交通方式。您可以从酒店门口直接拦出租车前往目的地。
- 地铁：长沙拥有发达的地铁系统，您可以查阅地铁线路图，选择适合的线路前往景点。

请注意，以上时间安排仅供参考，实际行程可能会因您在每个景点的停留时间而有所调整。祝您在长沙的一日游愉快！

图 3-16　有效的提问案例

上面这个提问案例就采用了“交代背景+赋予身份+给出需求+意见补充”的提问结构，基本上能够帮助我们解决生活中面临的大部分问题。

3.2.6　使用 ChatGPT 指定关键词

在需要解决一些问题时，可以通过ChatGPT使用特定的关键词，让生成的内容更加符合用户的需求。

使用ChatGPT来生成一则笑话，用户只需要提供和小说主题相关的关键词，即可让ChatGPT更好地理解你的需求。例如，在ChatGPT中输入“试用第一人称方式，假设你是1985年中一家餐厅的服务员，撰写一则笑话，描述当天所发生的趣事”，ChatGPT即可根据关键词生成一则笑话，如图3-17所示。

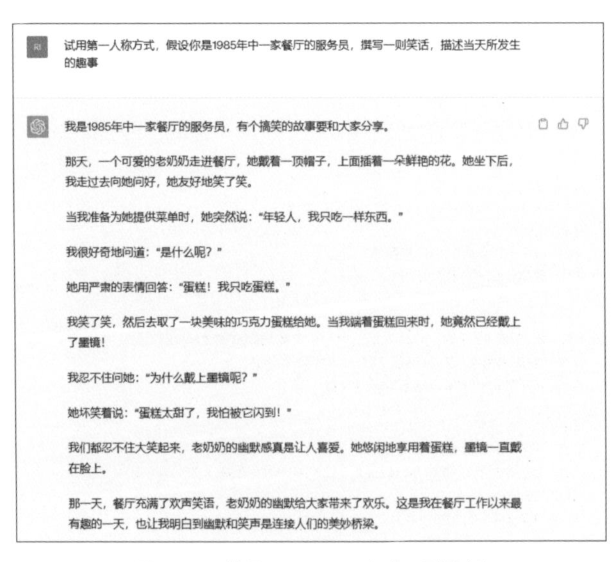

图 3-17　使用 ChatGPT 生成一则笑话

除了使用特定的关键词，还可以提供特定的场景和需要用到的关联词。例如，给ChatGPT的场景为“你现在身处一艘渔船上”，同时给出关联词“你的渔船遇到了史无前例的大海浪，在这种危急关头，你带领你的船员奋勇抵抗，最终冲出重围，平安回归。要求‘以上述剧情描写一段故事’”。

将上述关键词输入到ChatGPT中，中间还用到了一个“继续写”的关键词，ChatGPT即可根据这些关键词生成一篇完整的故事，如图3-18所示。

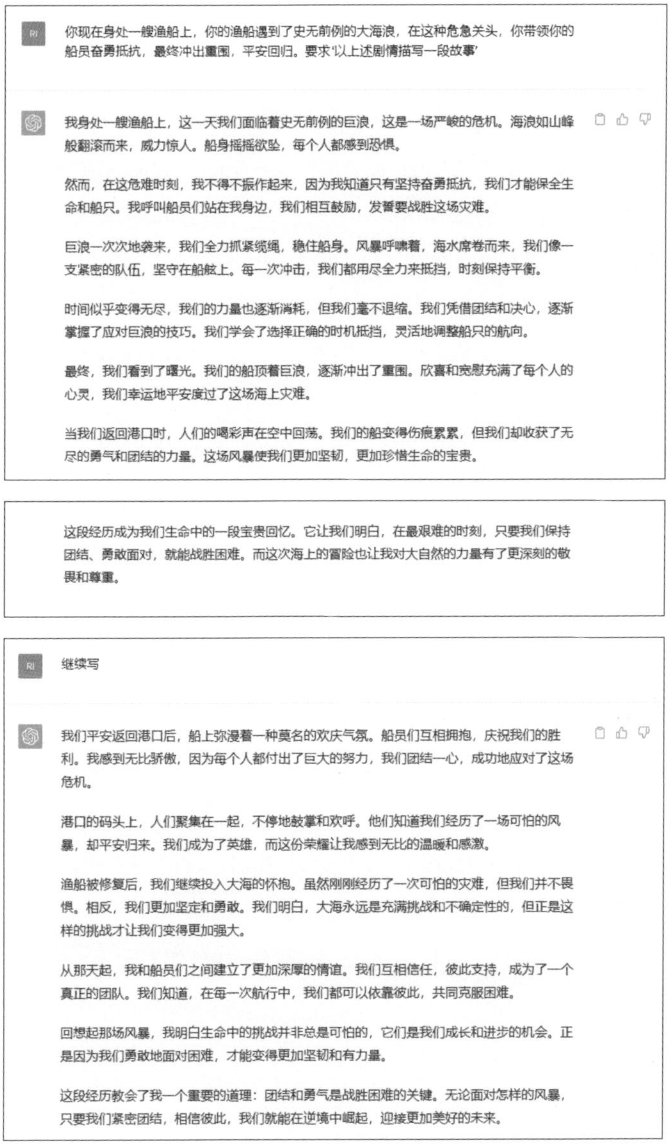

你现在身处一艘渔船上，你的渔船遇到了史无前例的大海浪，在这种危急关头，你带领你的船员奋勇抵抗，最终冲出重围，平安回归。要求'以上述剧情描写一段故事'

我身处一艘渔船上，这一天我们面临着史无前例的巨浪，这是一场严峻的危机。海浪如山峰般翻滚而来，威力惊人。船身摇摇欲坠，每个人都感到恐惧。

然而，在这危难时刻，我不得不振作起来，因为我知道只有坚持奋勇抵抗，我们才能保全生命和船只。我呼叫船员们站在我身边，我们相互鼓励，发誓要战胜这场灾难。

巨浪一次次地袭来，我们全力抓紧缆绳，稳住船身。风暴呼啸着，海水席卷而来，我们像一支紧密的队伍，坚守在船舷上。每一次冲击，我们都用尽全力来抵挡，时刻保持平衡。

时间似乎变得无尽，我们的力量也逐渐消耗，但我们毫不退缩。我们凭借团结和决心，逐渐掌握了应对巨浪的技巧。我们学会了选择正确的时机抵挡，灵活地调整船只的航向。

最终，我们看到了曙光。我们的船顶着巨浪，逐渐冲出了重围。欣喜和宽慰充满了每个人的心灵，我们幸运地平安度过了这场海上灾难。

当我们返回港口时，人们的喝彩声在空中回荡。我们的船变得伤痕累累，但我们却收获了无尽的勇气和团结的力量。这场风暴使我们更加坚韧，更加珍惜生命的宝贵。

这段经历成为我们生命中的一段宝贵回忆。它让我们明白，在最艰难的时刻，只要我们保持团结、勇敢面对，就能战胜困难。而这次海上的冒险也让我对大自然的力量有了更深刻的敬畏和尊重。

继续写

我们平安返回港口后，船上弥漫着一种莫名的欢庆气氛。船员们互相拥抱，庆祝我们的胜利。我感到无比骄傲，因为每个人都付出了巨大的努力，我们团结一心，成功地应对了这场危机。

港口的码头上，人们聚集在一起，不停地鼓掌和欢呼。他们知道我们经历了一场可怕的风暴，却平安归来。我们成为了英雄，而这份荣耀让我感到无比的温暖和感激。

渔船被修复后，我们继续投入大海的怀抱。虽然刚刚经历了一次可怕的灾难，但我们并不畏惧。相反，我们更加坚定和勇敢。我们明白，大海永远是充满挑战和不确定性的，但正是这样的挑战才让我们变得更加强大。

从那天起，我和船员们之间建立了更加深厚的情谊。我们互相信任，彼此支持，成为了一个真正的团队。我们知道，在每一次航行中，我们都可以依靠彼此，共同克服困难。

回想起那场风暴，我明白生命中的挑战并非总是可怕的，它们是我们成长和进步的机会。正是因为我们勇敢地面对困难，才能变得更加坚韧和有力量。

这段经历教会了我一个重要的道理：团结和勇气是战胜困难的关键。无论面对怎样的风暴，只要我们紧密团结，相信彼此，我们就能在逆境中崛起，迎接更加美好的未来。

图 3-18　使用 ChatGPT 生成一篇完整的故事

3.3 使用 ChatGPT 生成文案的流程

ChatGPT可以生成大量的文案，包括广告语、产品描述、营销文案、邮件、公众号推文以及社交媒体帖子等。用户只需要提供自己的想法和需求，ChatGPT就可以自动生成通顺流畅的文案。本节将具体讲述ChatGPT生成文案的流程。

3.3.1 数据准备

OpenAI收集了大量的文本数据作为ChatGPT的训练数据。这些数据包括互联网上的文章、书籍、新闻以及维基百科的内容等。数据准备的流程分为以下几个步骤。

（1）数据收集：OpenAI团队从互联网上收集ChatGPT的训练数据。这些数据来源包括网页、维基百科、书籍以及新闻文章等，收集的数据覆盖了各种主题和领域，以确保模型在广泛的话题上都有良好的表现。

（2）数据清理：在收集的数据中，可能存在一些噪声、错误和不规范的文本。因此，在训练之前需要对数据进行清理，包括去除HTML标签、纠正拼写错误和修复语法问题等。

（3）分割和组织：为了有效训练模型，文本数据需要被分割成句子或段落，来作为适当的训练样本。同时，要确保训练数据的组织方式，使得模型可以在上下文中学习和理解。

数据准备是一个关键的步骤，它决定了模型的训练质量和性能。OpenAI致力于收集和处理高质量的数据，以提供流畅、准确的ChatGPT模型。

3.3.2 预设模型

ChatGPT使用了一种名为Transformer（变压器）的深度学习模型架构。Transformer模型以自注意力机制为核心，能够在处理文本时更好地捕捉上下文关系。

相比于传统的循环神经网络，Transformer能够并行计算，处理长序列时具有更好的效率。Transformer模型由以下几个主要部分组成。

（1）编码器（Encoder）：编码器负责将输入好的序列进行编码。它由多个相同的层堆叠而成，每一层都包含多头自注意力机制和前馈神经网络。多头自注意力机制用于捕捉输入序列中不同位置的依赖关系，前馈神经网络则对每个位置的表示进行非线性转换。

（2）解码器（Decoder）：解码器负责根据编码器的输出生成相应的文本序列。

与编码器类似，解码器也由多个相同的层堆叠而成。除了编码器的子层，解码器还包含一个被称为编码器—解码器注意力机制的子层。这个注意力机制用于在生成过程中关注编码器的输出。

（3）位置编码（Positional Encoding）：由于Transformer没有显式的顺序信息，位置编码用于为输入序列的每个位置提供一种位置信息，以便模型能够理解序列中的顺序关系。

Transformer模型通过训练大量数据来学习输入序列和输出序列之间的映射关系，使得在给定输入时能够生成相应的输出文本。这种模型架构在ChatGPT中被用于生成自然流畅的文本回复。

3.3.3　模型训练

ChatGPT通过对大规模文本数据的反复训练，学习如何根据给定的输入生成相应的文本输出，模型逐渐学会理解语言的模式、语义和逻辑。ChatGPT的模型训练主要分为3点，如图3-19所示。

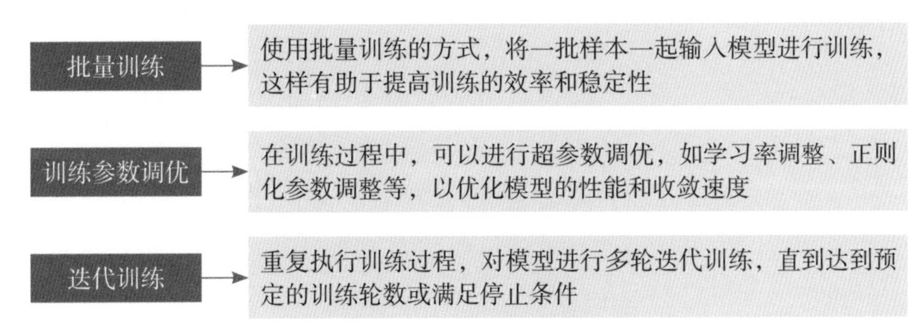

图 3-19　ChatGPT 模型训练

模型训练的结果取决于数据质量，通过反复的训练，模型逐渐学会理解语言的模式、语义和逻辑，并生成流畅合理的文本回复。

3.3.4　文本生成

ChatGPT使用训练得到的模型参数和生成算法，生成一段与输入相关的文本，它将考虑语法、语义和上下文逻辑，以生成连贯和相关的回复。

生成的文本会经过评估，以确保其流畅性和合理性。OpenAI致力于提高生成文本的质量，通过设计训练目标和优化算法来尽量使其更符合人类的表达方式。

生成文本的质量和连贯性取决于模型的训练质量、输入的准确性以及上下文理解的能力。在应用ChatGPT生成的文本时，建议进行人工审查和进一步的验证。

本章小结

本章主要向读者介绍了 ChatGPT 的相关基础知识，帮助读者了解了 ChatGPT 的发展与历史、ChatGPT 的操作技巧以及 ChatGPT 生成文案的流程。通过对本章的学习，读者能够更加熟练掌握 ChatGPT。

课后习题

鉴于本章知识的重要性，为了帮助读者更好地掌握所学知识，本节将通过课后习题，帮助读者进行简单的知识回顾和补充。

1. 使用 ChatGPT 生成一个美食类短视频的脚本文案。

2. 使用 ChatGPT 模仿知乎的风格，撰写一篇 200 字的短篇小说。

第 4 章　优化文案，ChatGPT 修改升级

熟练运用关键词，可以让提问更加高效，以便让 ChatGPT 更加精准地获取需要的内容。对 ChatGPT 生成的文本进行编辑或改写，可以让内容更符合用户的需求、风格或特定要求。

4.1 关键词的发掘方法

在ChatGPT对话中使用的关键词质量会影响到对话的结果，选择好的关键词可以快速定位想要的信息，过滤掉无关的内容，提高回答的质量和准确性，从而提高用户的使用体验。本节将介绍如何发掘各种关键词。

4.1.1 发现关键词

ChatGPT是一个根据预训练数据进行响应的语言模型，它无法直接分析输入并主动发现关键词。然而，当用户提供具体的关键词或问题时，ChatGPT可以利用训练和知识来提供相关的信息和回答。例如，在ChatGPT中输入“请给我关于童话故事的关键词”，生成的文章内容如图4-1所示。

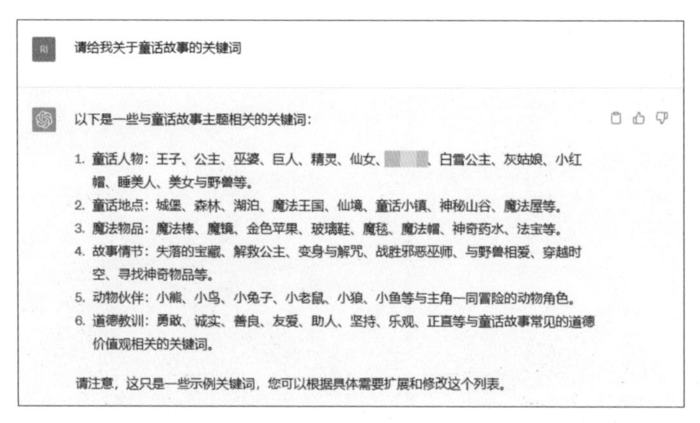

图 4-1　根据童话故事生成的关键词

4.1.2 批量生成同类关键词

如果需要同类关键词，可以在关键词的基础上，添加或修改一些常见的前缀或后缀，以生成更多相关的关键词。例如，在ChatGPT中输入“请给我关于安徒生童话故事的关键词”，生成的结果如图4-2所示。

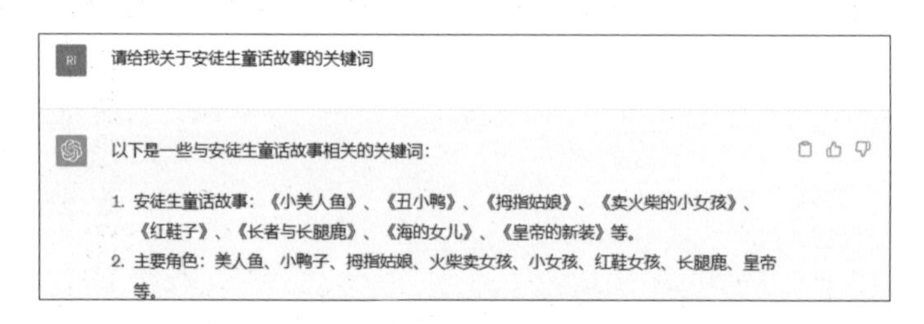

3. 情节元素：爱情、自我发现、自我接受、努力奋斗、困境与挑战、改变命运、友谊、勇气、牺牲、成长等。
4. 感情表达：爱、幸福、悲伤、孤独、希望、失望、喜悦、忍耐、感激、内心的冲突等。
5. 童话背景：海洋世界、农村乡野、城市街道、皇宫、魔法王国、森林、冰雪之地等。
6. 道德教训：美德、善良、真实、坚韧、宽容、仁慈、正直、真爱等与安徒生童话故事常见的道德价值观相关的关键词。

请注意，这只是一些示例关键词，安徒生的童话故事非常丰富多样，您可以根据具体故事进行更具体的关键词提取。

图 4-2　添加前缀生成更多关键词

4.1.3　查找长尾关键词

长尾关键词通常是指网站上的非目标关键词，它是与目标关键词相关的特定关键词短语，用于针对特定需求或问题进行更具体的搜索。用户可以使用ChatGPT查找长尾关键词，例如，在ChatGPT中输入“请给我关于乐队的长尾关键词”，生成的长尾关键词如图4-3所示。

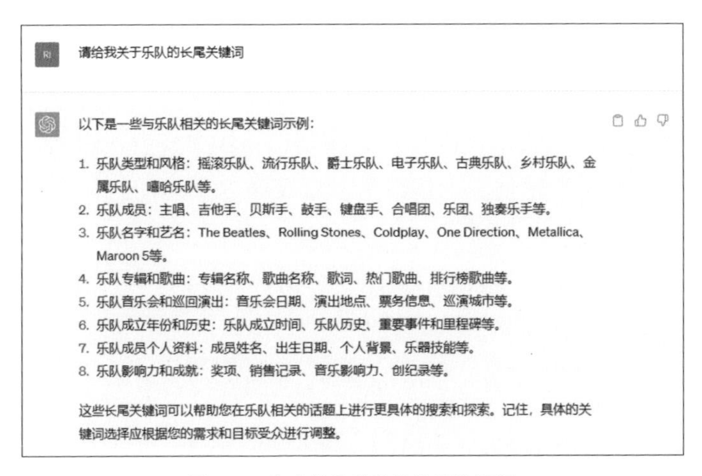

图 4-3　生成关于乐队的长尾关键词

可以输入相关的主题或基础关键词，并获取与之相关的长尾关键词建议，长尾关键词的选择与目标受众、内容需求和网站定位相匹配。

4.1.4　查找 LSI 关键词

LSI（Latent Semantic Indexing）关键词，也叫“潜在语义索引”关键词，意思是与主关键字在语义上相关的关键词。与传统的关键词提取方法不同，LSI关键词不仅仅是词语，而是一组词语或术语，这些词语或术语能够反映文本的实际语义。

我们可以将它运用到ChatGPT当中，例如在ChatGPT中输入“生成关于海洋的LSI关键词”，生成的LSI关键词如图4-4所示。

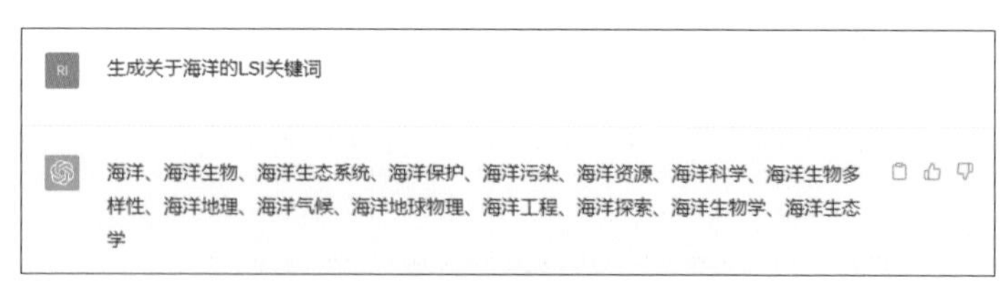

图 4-4　生成关于海洋的 LSI 关键词

相较于传统的关键词提取方法，LSI关键词提取更准确，因为它考虑了文本中词语的语义和相关性。因此，LSI关键词在搜索引擎优化、信息检索和自然语言处理等领域中得到了广泛应用。

4.1.5　聚类语义相同的关键词

聚类语义相同的关键词是一种文本数据处理技术，即将具有相似语义特征的关键词归为一类。这种聚类方法可以帮助我们发现相关主题、分析文本数据以及提取关键信息等。

通过聚类语义相同的关键词，我们可以更好地理解文本数据中的主题和模式，并从中获得洞察和知识。我们可以将它运用到ChatGPT当中，例如，给ChatGPT提供一篇文章，在文章的末尾加上“将以上文章聚类语义相同的关键词”，生成的结果如图4-5所示。

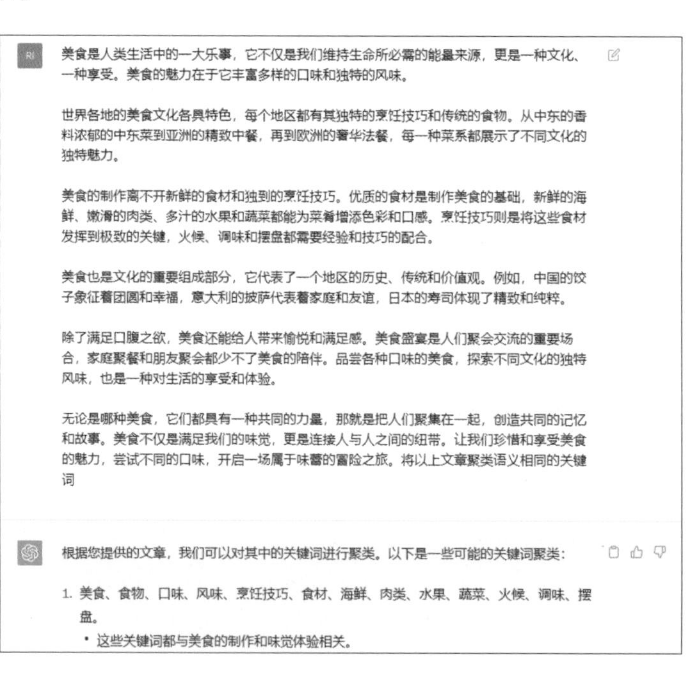

2. 文化、传统、菜系、中东菜、中餐、法餐、饺子、披萨、寿司、地区、历史、价值观。
   - 这些关键词涉及美食与文化、传统、地域特色等方面的关系。
3. 享受、乐事、愉悦、满足感、聚会、家庭聚餐、朋友聚会、品尝、探索、味觉、口味。
   - 这些关键词强调美食带来的愉悦、社交、品味和体验。
4. 连接、纽带、记忆、故事、冒险之旅、味蕾。
   - 这些关键词强调美食在人与人之间创造的联系、共同体验和探索的意义。

请注意，关键词的聚类可能因语境和具体内容而有所不同。以上聚类仅是基于您提供的文章进行的一种推测。

图 4-5　生成聚类语义相同关键词

4.1.6　根据搜索意图对关键词分类

根据搜索意图对关键词分类是一种将关键词分组的方法，根据搜索意图和目的将关键词归类到不同的分组当中。

例如，给ChatGPT提供一篇文章，在文章的末尾加上“将以上内容根据搜索意图对关键词进行分类”，生成的结果如图4-6所示。

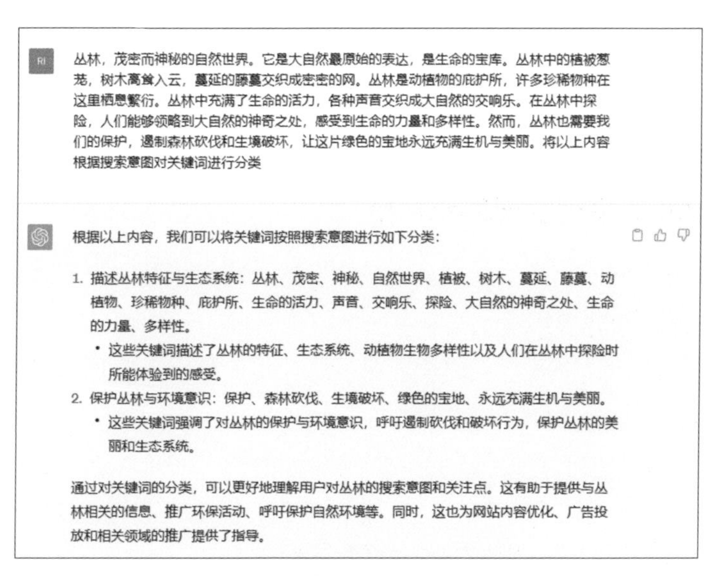
丛林，茂密而神秘的自然世界。它是大自然最原始的表达，是生命的宝库。丛林中的植被葱茏，树木高耸入云，蔓延的藤蔓交织成密密的网。丛林是动植物的庇护所，许多珍稀物种在这里栖息繁衍。丛林中充满了生命的活力，各种声音交织成大自然的交响乐。在丛林中探险，人们能够领略到大自然的神奇之处，感受到生命的力量和多样性。然而，丛林也需要我们的保护，遏制森林砍伐和生境破坏，让这片绿色的宝地永远充满生机与美丽。将以上内容根据搜索意图对关键词进行分类

根据以上内容，我们可以将关键词按照搜索意图进行如下分类：

1. 描述丛林特征与生态系统：丛林、茂密、神秘、自然世界、植被、树木、蔓延、藤蔓、动植物、珍稀物种、庇护所、生命的活力、声音、交响乐、探险、大自然的神奇之处、生命的力量、多样性。
   - 这些关键词描述了丛林的特征、生态系统、动植物生物多样性以及人们在丛林中探险时所能体验到的感受。
2. 保护丛林与环境意识：保护、森林砍伐、生境破坏、绿色的宝地、永远充满生机与美丽。
   - 这些关键词强调了对丛林的保护与环境意识，呼吁遏制砍伐和破坏行为，保护丛林的美丽和生态系统。

通过对关键词的分类，可以更好地理解用户对丛林的搜索意图和关注点。这有助于提供与丛林相关的信息、推广环保活动、呼吁保护自然环境等。同时，这也为网站内容优化、广告投放和相关领域的推广提供了指导。

图 4-6　根据搜索意图对关键词分类

这种分类可以帮助网站或服务提供者更好地理解用户需求，从而提升用户体验和效果。

4.1.7　列出与关键词相关的问题

列出与关键词相关的问题是指根据给定的关键词，生成与该关键词相关的问题列表，帮助用户更好地了解和掌握与关键词相关的知识领域。

我们可以将它运用到ChatGPT当中。例如，文章中的关键词为“天空”，那么我们在ChatGPT中输入“请列出与天空相关的问题”，生成的结果如图4-7所示。

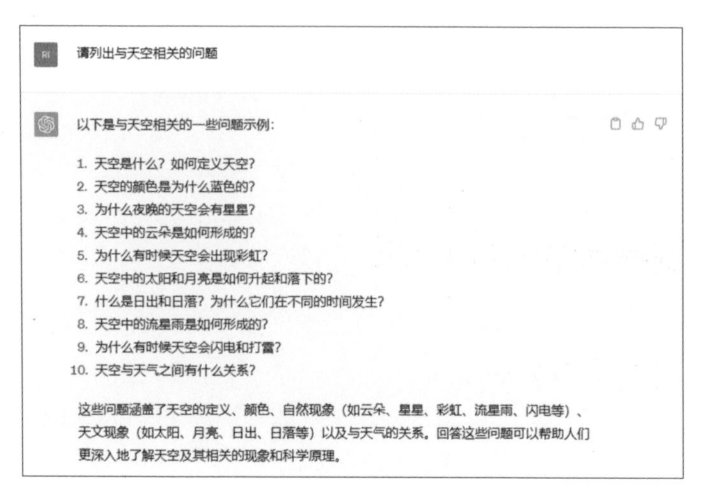

图 4-7 列出与天空相关的问题

这些问题可以涉及该关键词的定义、特征、用途、操作方法以及解决方案等方面，以满足用户对该关键词的各种信息需求。

4.1.8 生成完整的关键词策略

生成完整的关键词策略是指制订一个全面的计划和策略，以确定适合特定目标的关键词并加以管理和优化。

例如，在ChatGPT中输入“根据沙漠生成一个完整的关键词策略”，生成的结果如图4-8所示。

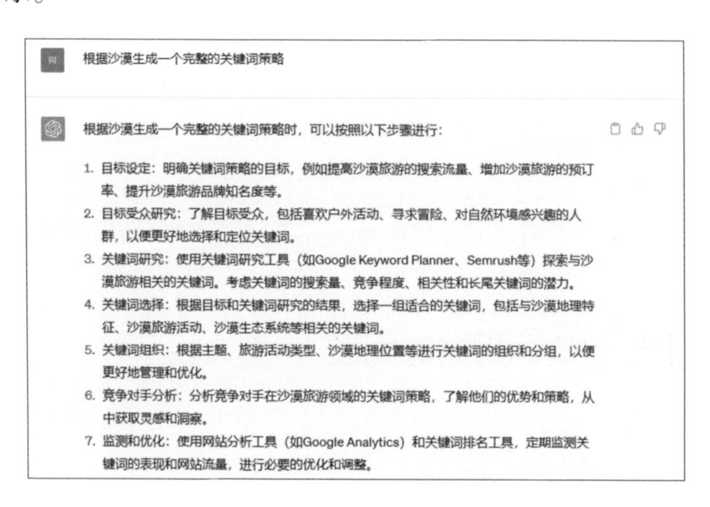

8. 内容优化：根据关键词策略，优化网站的内容、元标记和页面结构，以提高关键词的相关性和网站的可见性。
9. 广告投放：如果适用，根据关键词策略进行在线广告投放，如搜索引擎广告（SEM）或展示广告，以增加曝光和点击量。
10. 定期评估和调整：定期评估关键词策略的效果，根据数据和反馈进行调整和优化，以保持策略的有效性和适应性。

关键词策略的成功与目标设定、目标受众的了解、关键词研究的准确性以及持续的监测和优化密切相关。定期评估和调整是关键词

图 4-8　根据沙漠生成完整的关键词策略

生成完整的关键词策略需要考虑受众群体、竞争环境和数据分析等因素。关键词策略需要定期监测、评估和调整。

4.2 文本内容的优化技巧

ChatGPT具有自然语言生成和理解的功能，能够为用户提供各种应用场景下的语言交流和信息生成服务，优化文本内容可以提高内容的可读性和吸引力，本节将具体介绍文本内容的优化技巧。

4.2.1　用表格的形式列出答案

在ChatGPT中，可以使用表格的形式列出答案，以提供更清晰和结构化的信息。例如，我们在ChatGPT输入“对比一下老虎和狮子的不同之处，并做成表格”，生成的表格如图4-9所示。

RI 对比一下老虎和狮子的不同之处，并做成表格

以下是老虎和狮子的不同之处的比较表格：

特征	老虎	狮子
学名	Panthera tigris	Panthera leo
分布	亚洲	非洲、亚洲
体型	较大，雄性可达3.3米长，体重可超过300公斤	相对较大，雄性可达3.5米长，体重可超过250公斤
外观	黄色底色，黑色条纹	黄色底色，有黑色鬃毛
雄性鬃毛	没有鬃毛	有鬃毛
生活方式	独居	群居
捕食方式	狩猎	狩猎
食物偏好	食肉动物，以大型哺乳动物为主	食肉动物，以大型哺乳动物为主
动物王国地位	属于食肉目，属于猫科	属于食肉目，属于猫科
濒危状态	受到威胁，处于濒危状态	受到威胁，处于易危状态

图 4-9　用表格的形式列出答案

将相关问题和答案填入相应的单元格中。这样可以使答案更易读、整齐，并帮助读者更好地理解和比较不同的信息。

4.2.2　用其他作者风格输出文本

当使用ChatGPT输出文本时，模型会倾向于以自己的语言和风格生成回复。当然，也可以用其他作者的风格输出文本。

例如，在ChatGPT中输入“写一个悬疑推理故事，模仿埃德加·爱伦·坡的风格，字数为500字左右”。由于生成的内容有字数限制，因此如果没有写完内容就会断掉，此时用户可以输入“继续写”，即可继续生成文本，如图4-10所示。

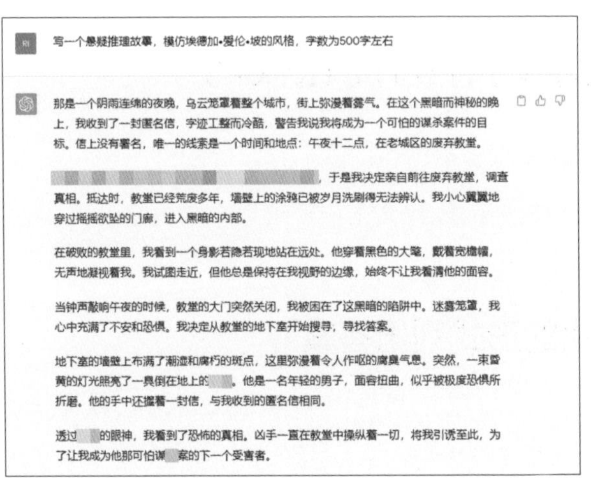

图 4-10　用埃德加·爱伦·坡的风格生成文本

由图4-10可见，ChatGPT生成的内容整体条理清晰、文笔自然流畅。不过，由于文章篇幅有限，在后续仍然有其固有的语言和生成特点，用户可以考虑把ChatGPT当成一个辅助工具，在其生成的内容的基础上再进行润色和修改，写出更加优质的故事或小说作品。

4.2.3　对答案设置限制

ChatGPT在有些情况下的回答有些笼统，意思表达得不够明确，没有用户所想要的内容。此时，用户可以对ChatGPT的回答设置一些限制，来更加准确地生成想要的内容。例如，在ChatGPT中输入“写一个科幻主题的故事，模仿儒勒·凡尔纳的风格，字数为600字左右，要有标题，不要出现人的名字”，生成的故事内容如图4-11所示。

图 4-11　对 ChatGPT 生成的答案设置限制

4.2.4　指定受众群体

在与ChatGPT进行交互时，可以提供上下文和明确的问题来间接地指定受众。通过提供特定领域、特定背景或专业知识相关的问题，可以帮助模型更好地理解你的需求，并提供更相关的回答。

在与ChatGPT的对话中明确指出你的受众范围，以便模型能够更好地适应你的需求，并给出更有针对性的回答。例如，在ChatGPT中输入“针对中老年人群体写一篇关于强身健体的文章，字数为200字左右”，生成的内容如图4-12所示。

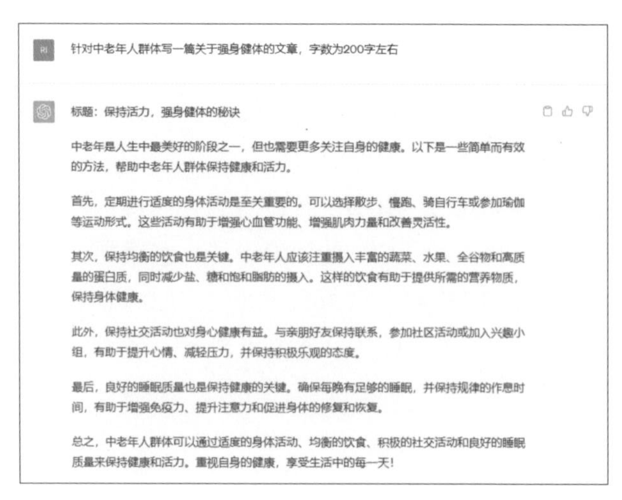

图 4-12　指定中老年人为受众群体

通过提供明确的问题和相关上下文，可以增强模型对特定受众群体需求的理解和回应。

4.2.5　以 ASCII 艺术形式获得结果

ASCII艺术（ASCII Stereogram），也被称为ASCII图形或文本艺术，是一种使用ASCII字符来创作图像、图表和图案的艺术形式。它可以使用简单的字符来创作出各种形式的艺术作品，包括人物、动物、景物、标志和抽象图案等。

ASCII艺术是计算机早期的一种表现形式，如今仍然被广泛使用和欣赏，成为一种独特的数字艺术形式。我们可以将它运用到ChatGPT当中。例如，在ChatGPT中输入“用ASCII艺术形式生成一只小狗”，生成的内容如图4-13所示。

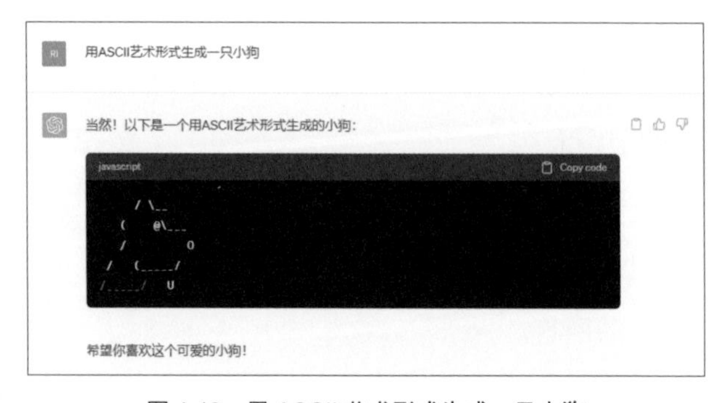

图 4-13　用 ASCII 艺术形式生成一只小狗

这种形式的艺术通常以单色或灰度的方式呈现，因为它们只使用了字符本身的颜色和背景颜色。

4.2.6　切换视角

使用ChatGPT通过在不同的段落或章节中使用不同的视角，可以引入不同的人物、观点或经历，以便获得更全面的理解。

例如，在ChatGPT中输入“以第一人称视角写一篇丛林探险的故事，字数500左右”，生成的故事内容如图4-14所示。

RI　以第一人称视角写一篇丛林探险的故事，字数500左右

我饱受汗水浸湿的背脊，在茂密的丛林中踏出坚定的步伐。蓝天上的阳光透过茂密的树冠洒在我的肌肤上，仿佛给我注入了勇气和冒险的精神。

我是一名探险家，踏上这片神秘的丛林是为了探索其中的奥秘。每一步都让我感受到丛林的生机和力量。树木高耸入云，一片绿意覆盖着大地。我聆听着鸟儿的歌声，感受着大自然的鼓舞。

我继续前行，穿越茂密的灌木丛和藤蔓编织的迷宫。时而，我需要使用我的砍刀和指南针来开辟新的路径。时而，我需要蹚过溪流，感受清凉的水滴滑过我的皮肤。这一切都是我对自然的挑战，也是我与自己的对决。

然而，丛林并不只有美丽和宁静。夜幕降临时，丛林变得陌生而危险。野生动物的嘶吼回荡在空气中，让我警觉地环顾四周。我点亮手电筒，将光芒洒向黑暗的角落，但仍感到寂寞和渺小。

几天的旅程让我与丛林相互磨合，我学会了察觉植物的细微变化，聆听大自然的声音。我发现一些珍贵的生物，它们如此与世隔绝，仅在这片丛林中才能被欣赏到。这些奇特的生物激发了我对生命的敬畏，对自然的敬重。

终于，当我以疲惫的身躯闯过最后一片丛林时，眼前展现出一个令人惊叹的场景。一片神秘的瀑布从高山上倾泻而下，水花四溅，营造出一片仙境般的景象。我站在瀑布前，感受到湍急的水流给我带来的清新和能量。

图 4-14　以第一人称视角写一个故事

通过切换视角，可以提供更多的信息和观点，增强文章的深度和广度。切换视角可以增强文章的复杂性和丰富性，使读者更加深入地思考和探索讨论的话题。

4.2.7　提供实例

扫码看教学视频

通过提供实例，用户可以更清楚地说明问题或需求，使ChatGPT更好地理解用户的意图。下面介绍如何向ChatGPT提供实例来撰写文章。

步骤 01 向ChatGPT提供一个实例，在ChatGPT中输入“给你一个实例：一个人发现一栋建筑着火，他毫不犹豫地冲进去，救出被困在里面的人们，即使自己也面临生命危险”，如图4-15所示。

给你一个实例：一个人发现一栋建筑着火，他毫不犹豫地冲进去，救出被困在里面的人们，即使自己也面临生命危险

这是一个非常典型的见义勇为的实例。这个人在面临危险的情况下，毫不犹豫地采取行动，冲进着火的建筑物，目的是救出被困在里面的人们。他可能会面临烟雾、火势和结构不稳定等多重风险，但他选择了无私的行动，将他人的安全和生命放在首位。这种见义勇为的行为展示了他的勇气、同情心和无私奉献的品质。他的行动可能挽救了无数人的生命，并成为他人的榜样和启发。

图 4-15　向 ChatGPT 提供实例

步骤 02 根据上面的实例内容来生成文本，在ChatGPT中输入“以上面的实例，撰写一篇今日头条风格的文章”，生成的内容如图4-16所示。

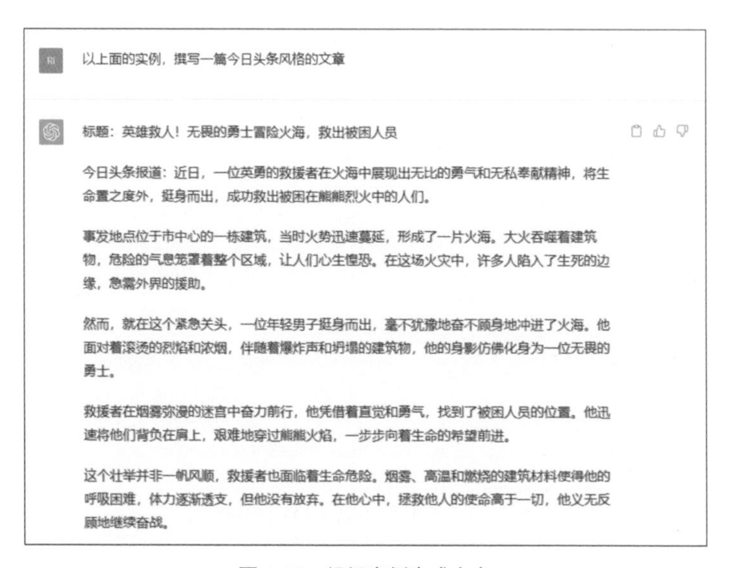

图 4-16　根据实例生成内容

可以看到，向ChatGPT提供实例可以表达具体的情境，使ChatGPT能够更好地理解用户的意思并给出准确的回答。

4.2.8　进行角色扮演

扫码看教学视频

进行角色扮演是指您扮演某个角色或身份，并提供有关该角色的背景信息、情感状态、目标和观点，然后与ChatGPT进行对话，以模拟该角色在特定情境下的回答和反应。

步骤 01 告诉ChatGPT“我是一个美食博主，我现在身处长沙，需要在这里进行美食探店”。随后，ChatGPT将给出一些关于美食博主的建议，并列举了5个地点，如图4-17所示。

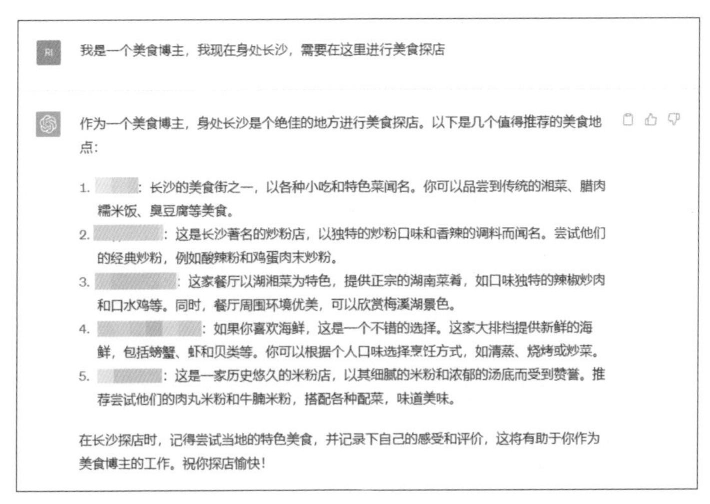

图 4-17　使用 ChatGPT 进行角色扮演

步骤 02 在进行角色扮演时，ChatGPT会根据您所提供的角色信息尽力给出合适的回答，向ChatGPT询问“在探店的旅途中，我还想去一些景点看看，请问有哪些值得去的景点”。生成的内容如图4-18所示。

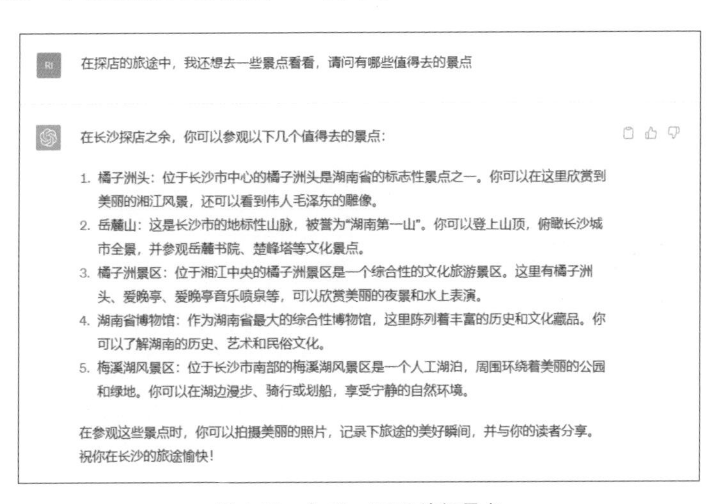

图 4-18　向 ChatGPT 询问景点

步骤 03 也可以让ChatGPT制订一份行程计划表，来确定一天的行程路线。在ChatGPT中输入“请为我制订一份行程计划表，时间为一天，我希望时间宽松，不用太过奔波”。随后，ChatGPT将根据你的角色背景来生成一份行程计划表，如图4-19所示。

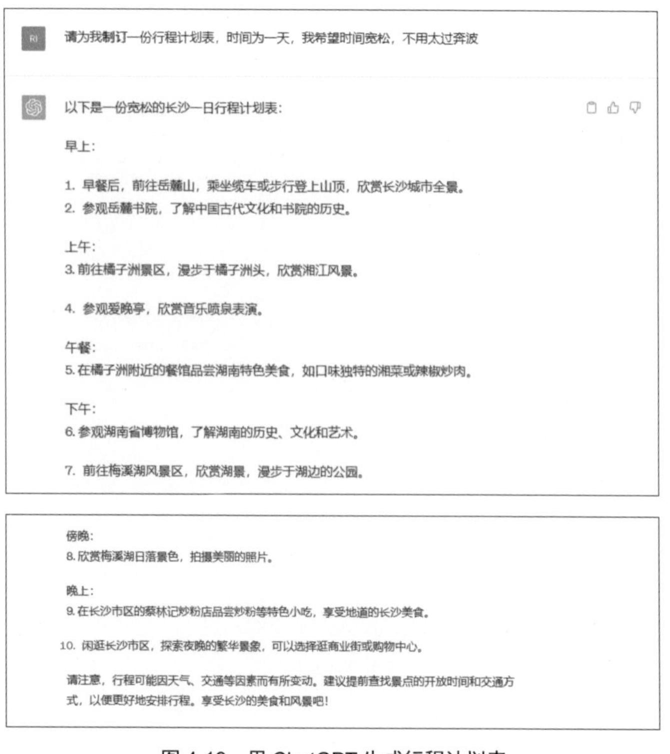

图 4-19　用 ChatGPT 生成行程计划表

使用ChatGPT进行角色扮演可以用于各种目的，它可以更好地理解角色的动机和行为，包括写作、角色测试以及情景模拟等。

4.2.9　获得细致的答案

扫码看教学视频

当使用ChatGPT没有获得满意的答案时，可能是因为ChatGPT没有收到具体的需求。用户在提问题之前，可以先问ChatGPT应该如何提问，通过这个前置问题，ChatGPT会提供全面的建议，有助于查漏补缺。下面介绍具体操作方法。

步骤 01 在ChatGPT中输入“请帮我出一个关于小龙虾美食宣传的标题”，随后ChatGPT将生成一个关于小龙虾美食宣传的标题，如图4-20所示。

请帮我出一个关于小龙虾美食宣传的标题

鲜美无比的小龙虾盛宴！

图 4-20　ChatGPT 生成的标题

步骤 02 如果用户对ChatGPT生成的这个标题不太满意，此时可以在问题后面提供详细的要求，随后ChatGPT将给出相应的建议和例子，如图4-21所示。

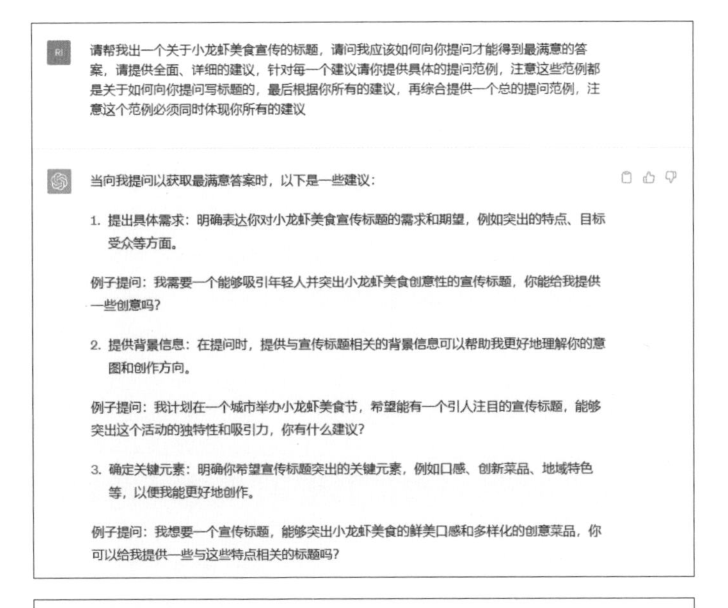

图 4-21　向 ChatGPT 提供详细的要求

步骤 03 根据ChatGPT的回答来重新提问，并在问题后面加入“请给多个标题供我选择”，ChatGPT的回答如图4-22所示。

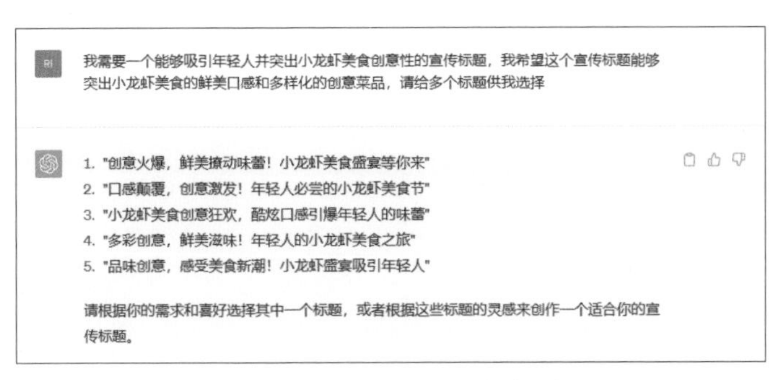

图 4-22　ChatGPT 根据提问给出的标题

在提问的后面提供详细的要求就能获得更加细致的答案，从图4-22可以看到，第二次的回答相较于第一次的回答要更加全面，也更加符合期望。

本章小结

本章主要向读者介绍了 ChatGPT 关键词的发掘方法与文本内容的优化技巧等相关知识，包括发现关键词、批量生成同类关键词、对答案设置限制以及进行角色扮演等内容。通过对本章的学习，读者能够更加熟练使用 ChatGPT。

课后习题

鉴于本章知识的重要性，为了帮助读者更好地掌握所学知识，本节将通过课后习题，帮助读者进行简单的知识回顾和补充。

1. 以沙滩海洋为主题，用 ChatGPT 生成一篇具有逻辑性的活动方案。

2. 以动漫二次元为主题，用 ChatGPT 生成相应的关键词，并翻译成英文。

第 5 章　生成图像，Midjourney 高效运作

Midjourney 是一个由 Midjourney 研究实验室开发的人工智能程序，于 2022 年 3 月面世，它可以根据文本生成图像。用户只需要输入想到的文字，就能通过人工智能产出相对应的图片。

5.1 Midjourney的基本绘画操作

使用Midjourney绘画非常简单，具体取决于用户使用的关键词。如果用户要创建高质量的AI绘画作品，则需要大量的训练数据、计算能力和对艺术设计的深入了解。因此，虽然Midjourney的操作可能相对简单，但要创作出独特、令人印象深刻的艺术作品，仍需要用户不断地探索和创新。本节将介绍一些基本的绘画技巧，帮助大家快速掌握Midjourney的操作方法。

5.1.1 以文生图

扫码看教学视频

Midjourney主要是使用文本指令和关键词来完成绘画操作的，尽量输入英文关键词，同时对于英文单词的首字母大小写没有要求，下面介绍具体的操作方法。

步骤 01 在Midjourney下面的输入框内输入/（正斜杠符号），在弹出的列表中选择/imagine（想象）指令，如图5-1所示。

图 5-1　选择 /imagine 指令

步骤 02 在/imagine指令后方的文本框中输入关键词“a cute fluffy chubby marmot sunbathing on a pile of rocks（一只可爱的毛茸茸的胖乎乎的土拨鼠在一堆岩石上晒日光浴）”，如图5-2所示。

图 5-2　输入关键词

步骤 03 按【Enter】键确认，即可看到Midjourney Bot已经开始工作了，如图5-3所示。

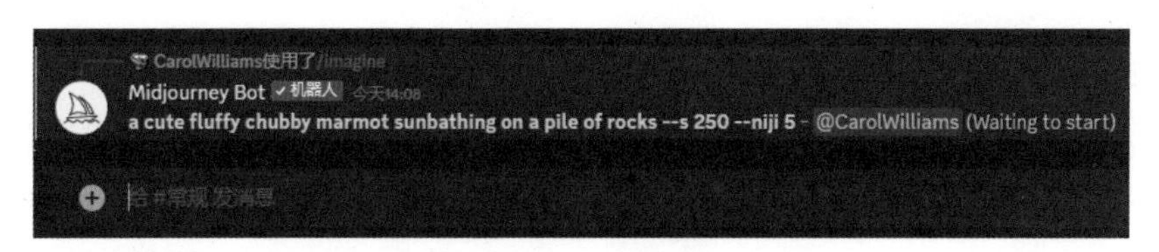

图 5-3　Midjourney Bot 开始工作

步骤 04 稍等片刻，Midjourney将生成4张对应的图片，如图5-4所示。需要注意的是，即使是相同的关键词，Midjourney每次生成的图片效果也不一样。

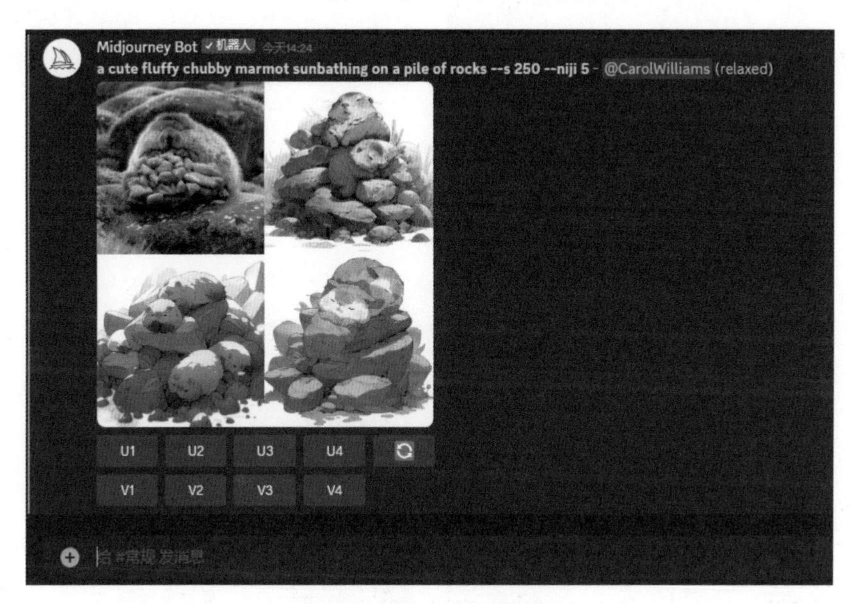

图 5-4　生成 4 张对应的图片

5.1.2　U/V 大法

扫码看教学视频

在Midjourney生成的图片效果下方，U按钮表示放大选中图的细节，可以生成单张的大图。如果用户对4张图片中的某张图片感到满意，可以在U1、U2、U3和U4按钮中进行选择，并在相应图片的基础上进行更加精细的刻画，下面介绍具体的操作方法。

步骤 01 以5.1.1小节的效果为例，单击U1按钮，如图5-5所示。

步骤 02 执行操作后，Midjourney将在第1张图片的基础上进行更加精细的刻画，并放大图片，效果如图5-6所示。

图 5-5　单击 U1 按钮

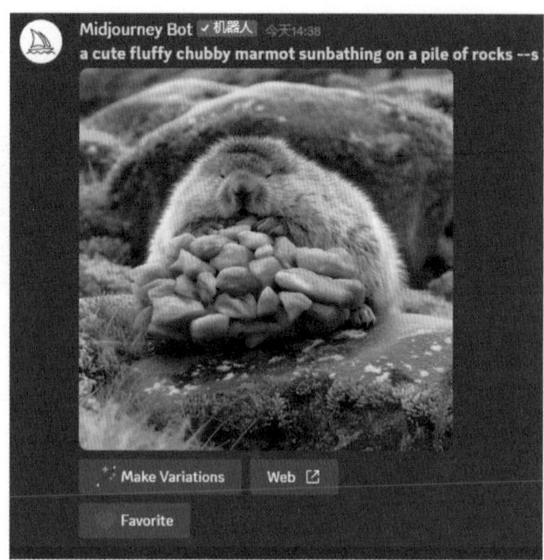

图 5-6　放大图片

步骤 03 单击Make Variations（做出变更）按钮，将以该张图片为模板，重新生成4张图片，如图5-7所示。

步骤 04 单击U3按钮，放大第3张图片，效果如图5-8所示。

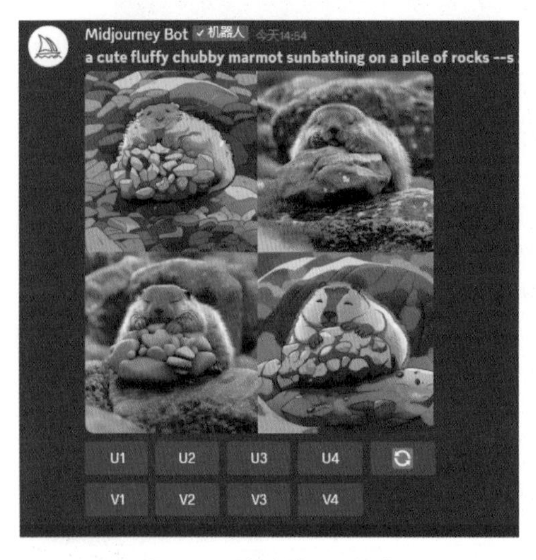

图 5-7　重新生成 4 张图片

图 5-8　放大第 3 张图片

步骤 05 单击Favorite（喜欢）按钮，可以标注喜欢的图片，如图5-9所示。

步骤 06 单击Web（跳转到Midjourney的个人主页）按钮，弹出“等一下！”对话框，单击“嗯！”按钮，如图5-10所示。

步骤 07 执行操作后，进入Midjourney的个人主页，并显示生成的大图，单击

Save with prompt（保存并提示）按钮▣，如图5-11所示，即可保存图片。

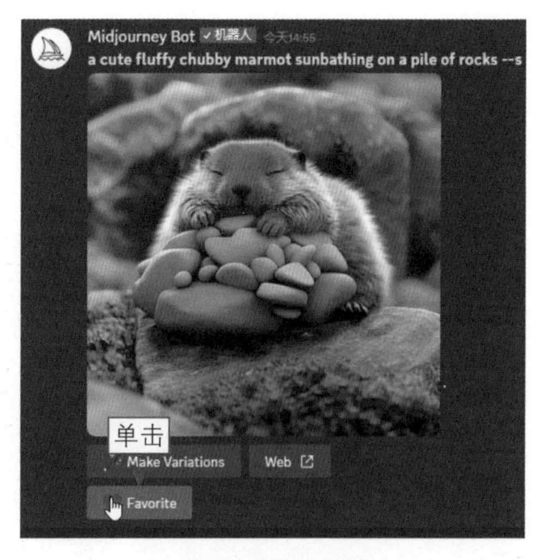

图 5-9　标注喜欢的图片

图 5-10　单击"嗯！"按钮

图 5-11　单击 Save with prompt 按钮

V按钮的功能则是以所选的图片样式为模板重新生成4张图片，作用与Make Variations按钮类似，下面介绍具体的操作方法。

扫码看教学视频

步骤 01 以5.1.1小节的效果为例，单击V3按钮，如图5-12所示。

步骤 02 执行操作后，Midjourney将以第3图片为模板，重新生成4张图片，如图5-13所示。

图 5-12　单击 V3 按钮

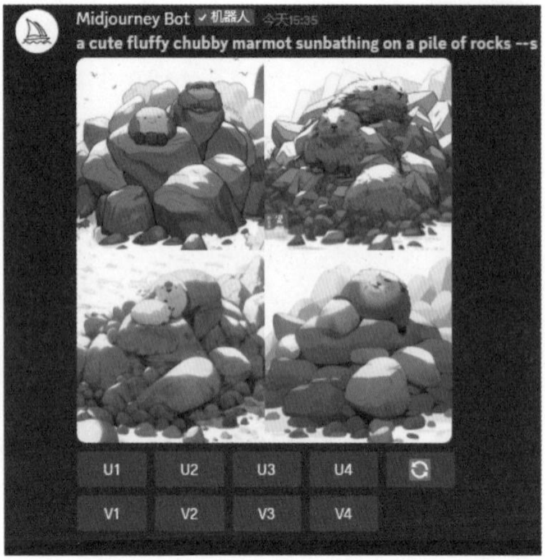

图 5-13　重新生成 4 张图片

步骤 03 如果用户对重新生成的图片都不满意，可以单击（循环）按钮，如图5-14所示。

步骤 04 执行操作后，Midjourney会重新生成4张图片，如图5-15所示。

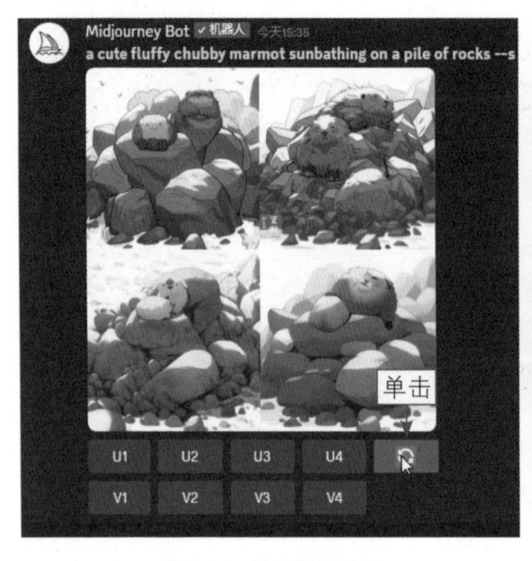

图 5-14　单击循环按钮

图 5-15　重新生成 4 张图片

5.1.3　优化关键词

关键词也称为关键字、描述词、输入词、提示词或代码等，网上大部分用户也将其称为“咒语”。在Midjourney中，用户可以使用/describe（描述）指令获取图片的关键词，下面介绍优化关键词的操作方法。

步骤 01 在Midjourney下面的输入框内输入/，在弹出的列表中选择/describe（描述）指令，如图5-16所示。

步骤 02 执行操作后，单击上传按钮，如图5-17所示。

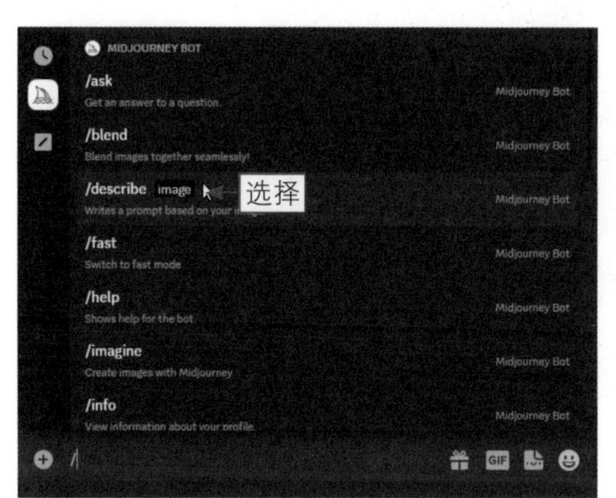

图 5-16　选择 /describe 指令

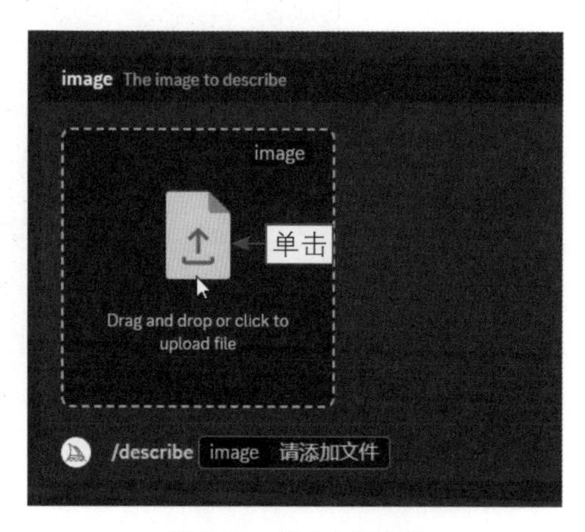

图 5-17　单击上传按钮

步骤 03 执行操作后，弹出“打开”对话框，选择相应的图片，如图5-18所示。

步骤 04 单击“打开”按钮，将图片添加到Midjourney的输入框中，如图5-19所示，按【Enter】键确认。

图 5-18　选择相应的图片

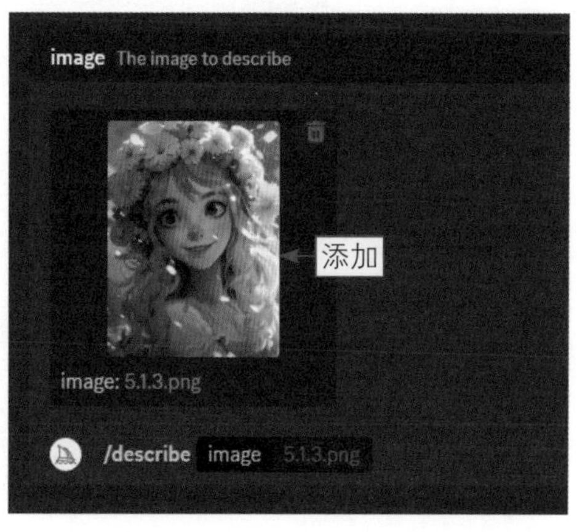

图 5-19　添加到 Midjourney 的输入框中

步骤 05 执行操作后，Midjourney会根据用户上传的图片生成4段关键词内容，如图5-20所示。用户可以通过复制关键词或单击下面的1～4按钮，以该图片为模板生成新的图片效果。

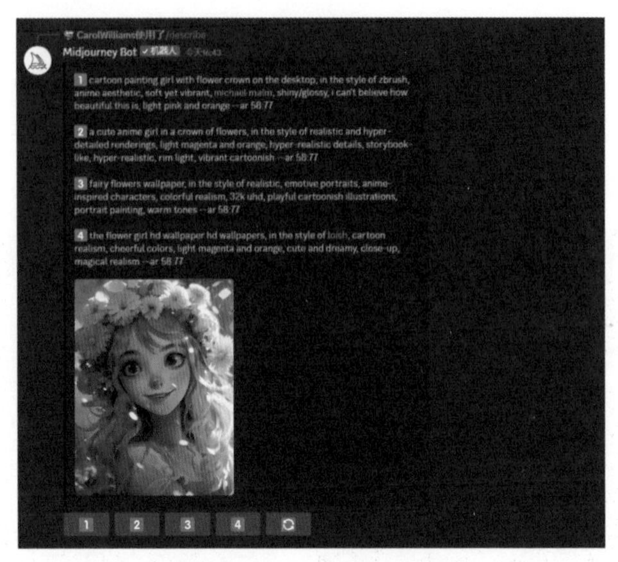

图 5-20　生成 4 段关键词内容

步骤 06 例如，复制第1段关键词后，通过/imagine指令生成4张新的图片，效果如图5-21所示。

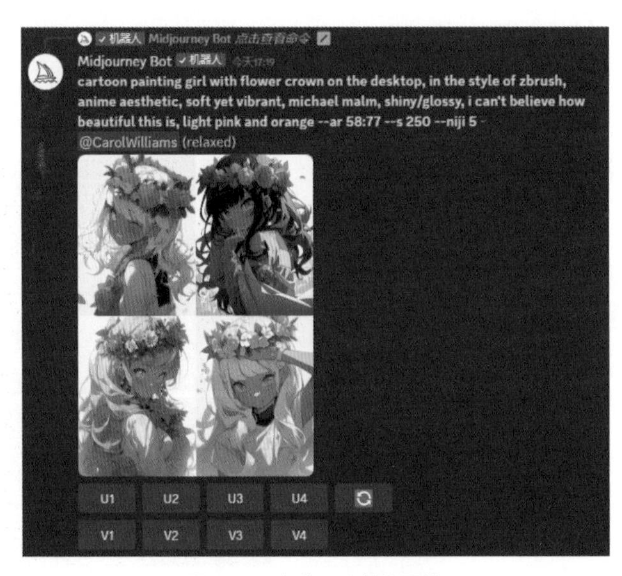

图 5-21　生成 4 张新的图片

5.1.4　多图混合

在Midjourney中，用户可以使用/blend（混合）指令快速上传2～5张图片，然后查看每张图片的特征，并将它们混合成一张新的图片，下面介绍具体的操作方法。

步骤 01 在Midjourney下面的输入框内输入/，在弹出的列表中选择/blend（混合）指令，如图5-22所示。

步骤 02 执行操作后，出现两个图片框，单击左侧的上传按钮，如图5-23所示。

图 5-22　选择 /blend 指令

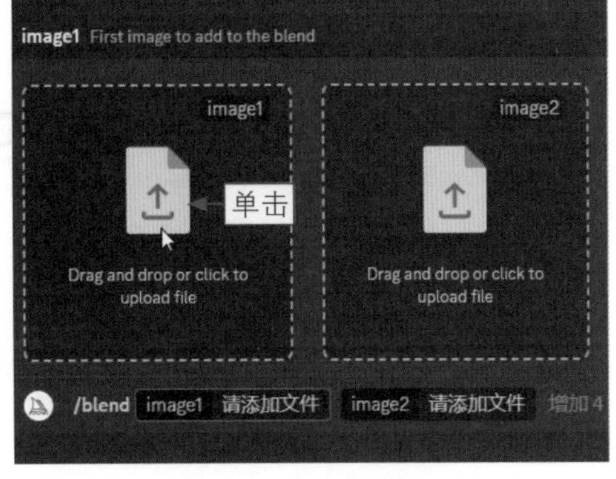

图 5-23　单击上传按钮

步骤 03 弹出“打开”对话框，选择相应的图片，如图5-24所示。

步骤 04 单击“打开”按钮，将图片添加到左侧的图片框中，并用同样的操作方法再次添加一张图片，如图5-25所示。

图 5-24　选择相应的图片

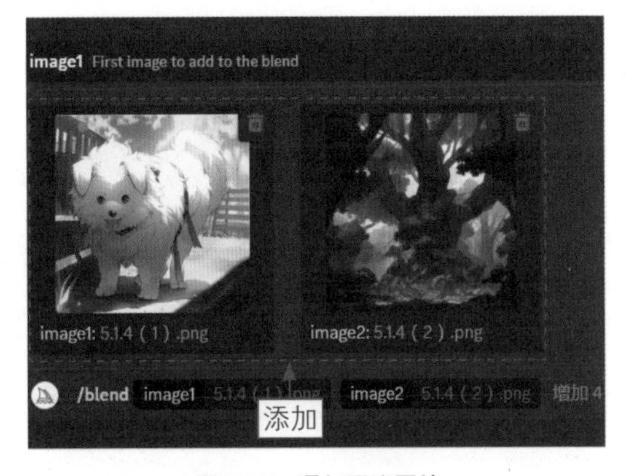

图 5-25　添加两张图片

步骤 05 连续按两次【Enter】键，Midjourney会自动完成图片的混合操作，并生成4张新的图片，这是没有添加任何关键词的效果，如图5-26所示。

步骤 06 单击U1按钮，放大第1张图片，效果如图5-27所示。

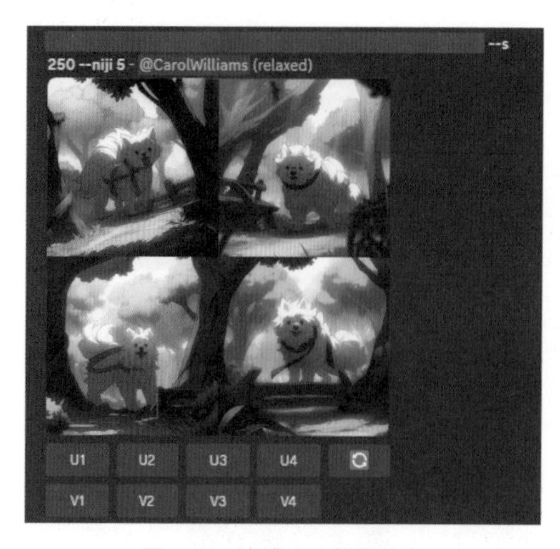

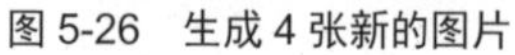
图 5-26　生成 4 张新的图片

图 5-27　放大第 1 张图片

★ 专 家 提 醒 ★

输入 /blend 指令后，系统会提示用户上传两张图片。要添加更多图片，可选择 optional/options（可选的 / 选项）字段，然后选择 image（图片）3、image4 或 image5 字段添加对应数量的图片。

/blend 指令最多可以处理 5 张图片，如果用户要使用 5 张以上的图片，可使用 /imagine 指令。为获得最佳的图片混合效果，用户可以上传与自己想要的结果具有相同宽高比的图片。

步骤 07 单击图片显示大图，单击“在浏览器中打开”链接，效果如图 5-28 所示。

步骤 08 执行操作后，即可在浏览器的新窗口中打开该图片，效果如图 5-29 所示。

图 5-28　单击“在浏览器中打开”链接

图 5-29　在浏览器的新窗口中打开图片

5.1.5　以图生图

扫码看教学视频

Midjourney可以根据用户的指令来自动绘制出图像，然而想让Midjourney更高效地出图，以图生图功能必不可少。通过给Midjourney一张参考图片的方式，可以让Midjourney从图片中补齐必要的风格或特征等信息，以便生成的图片更符合我们的预期。接下来向用户介绍以图生图的操作方法。

步骤 01 首先通过浏览器打开一张图片，如图5-30所示。然后将打开图片的浏览器地址链接复制下来。

图 5-30　通过浏览器打开一张图片

步骤 02 返回Midjourney页面，在Midjourney下面的输入框内输入/，在弹出的列表中选择/imagine（想象）指令，将复制的图片链接粘贴到指令的后面，如图5-31所示。

图 5-31　粘贴图片链接

步骤 03 在图片链接后面加上画面描述、风格信息以及排除内容，例如“a cute otter”（一只可爱的水獭），“super high details and textures”（超高的细节和质感），--no text（排除画面文本）。然后按【Enter】键确认，Midjourney会自动生成4张对应的图片，如图5-32所示。

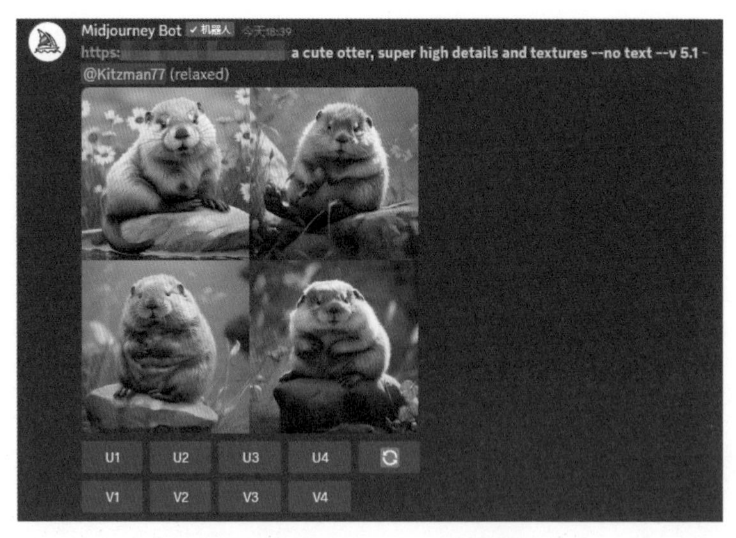

图 5-32　使用 Midjourney 以图生图

5.1.6　保存图片

扫码看教学视频

Midjourney是AI生成艺术的行业领导者，它可以快速地生成许多精美的图片。下面介绍该如何保存Midjourney生成的图片。

步骤 01 当我们使用Midjourney绘制图像后，单击图片显示大图，效果如图5-33所示。

图 5-33　显示大图

步骤 02 然后单击鼠标右键，选择“图片另存为”命令，如图5-34所示。弹出“另存为”对话框，选择合适的保存位置，单击“保存”按钮，即可保存图片。

图 5-34　选择“图片另存为”命令

5.2 Midjourney 的高级绘画操作

Midjourney通过AI算法生成相对应的图片，用户可以使用各种指令和关键词来改变AI绘图的效果，生成更优秀的AI画作。本节将介绍一些Midjourney的高级绘画玩法，让用户在创作AI画作时更加得心应手。

5.2.1　参数大全

在使用Midjourney进行绘图时，用户可以使用各种指令与Discord上的Midjourney Bot进行交互，从而告诉它你想要获得一张什么样的效果图。Midjourney的指令主要用于创建图像、更改默认设置以及执行其他有用的任务。表5-1所示为Midjourney中的常用指令。

表 5-1 Midjourney 中的常用指令

指令	作用
/ask（问）	得到一个问题的答案
/blend（混合）	轻松地将两张图片混合在一起
/daily_theme（每日主题）	切换 #daily-theme 频道更新的通知
/docs（文档）	在 Midjourney Discord 官方服务器中使用可以快速生成指向本用户指南中涵盖的主题链接
/describe（描述）	根据用户上传的图像编写 4 个示例提示词
/faq（常见问题）	在 Midjourney Discord 官方服务器中，使用以快速生成指向流行提示工艺频道常见问题解答的链接
/fast（快速地）	切换到快速模式
/help（帮助）	显示有关 Midjourney Bot 的有用的基本信息和提示
/imagine（想象）	使用关键词或提示词生成图像
/info（信息）	查看有关用户的账号以及任何排队（或正在运行）的作业信息
/stealth（隐身）	专业计划订阅用户可以通过该指令切换到隐身模式
/public（公共）	专业计划订阅用户可以通过该指令切换到公共模式
/subscribe（订阅）	为用户的账号页面生成个人链接
/settings（设置）	查看和调整 Midjourney Bot 的设置
/prefer option（偏好选项）	创建或管理自定义选项
/prefer option list（偏好选项列表）	查看用户当前的自定义选项
/prefer suffix（偏好后缀）	指定要添加到每个提示词末尾的后缀
/show（展示）	使用图像作业账号（Identity Document，ID）在 Discord 中重新生成作业
/relax（放松）	切换到放松模式
/remix（混音）	切换到混音模式

5.2.2 设置尺寸

扫码看教学视频

通常情况下，使用Midjourney生成的图片尺寸默认为1：1的方图，其实用户可以使用--ar（更改画面比例）指令来修改生成的图片尺寸，下面介绍具体的操作方法。

步骤 01 通过/imagine指令输入相应的关键词，则Midjourney默认生成的效果如图5-35所示。

步骤 02 继续通过 /imagine 指令输入相同的关键词，并在结尾处加上 --ar 9：16 指令（注意与前面的关键词用空格隔开），即可生成 9：16 尺寸的图片，如图 5-36 所示。

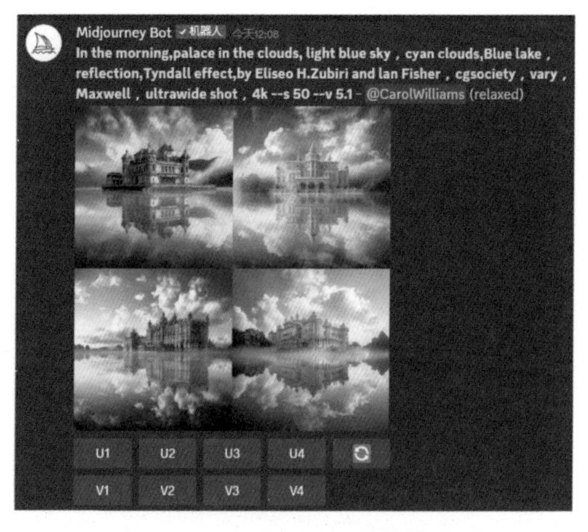

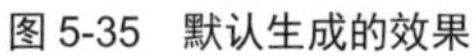

图 5-35　默认生成的效果

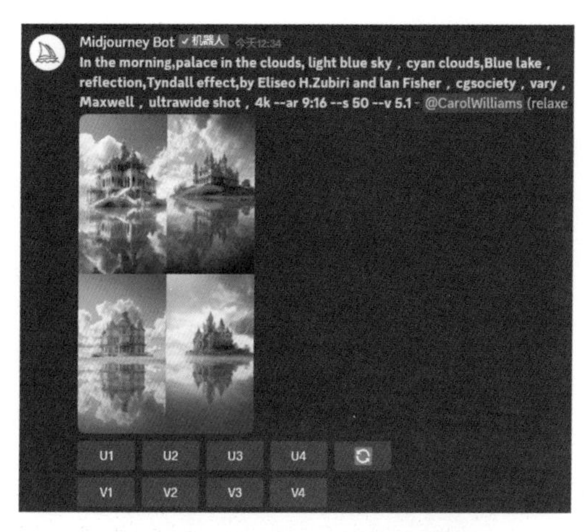

图 5-36　生成 9 ：16 尺寸的图片

图5-37所示为9：16尺寸的大图效果。需要注意的是，在生成或放大图片的过程中，最终输出的尺寸可能略有修改。

图 5-37　9 ：16 尺寸的大图效果

5.2.3　细节优化

在Midjourney中生成AI画作时，可以使用--q（质量）指令处理并产生更多的细节，从而提高图片的质量，下面介绍具体的操作方法。

扫码看教学视频

步骤 01 通过/imagine指令输入相应的关键词，Midjourney默认生成的图片效果如图5-38所示。

步骤 02 继续通过/imagine指令输入相同的关键词，并在关键词的结尾加上--q.25指令，即可生成最不详细的图片效果，如图5-39所示。

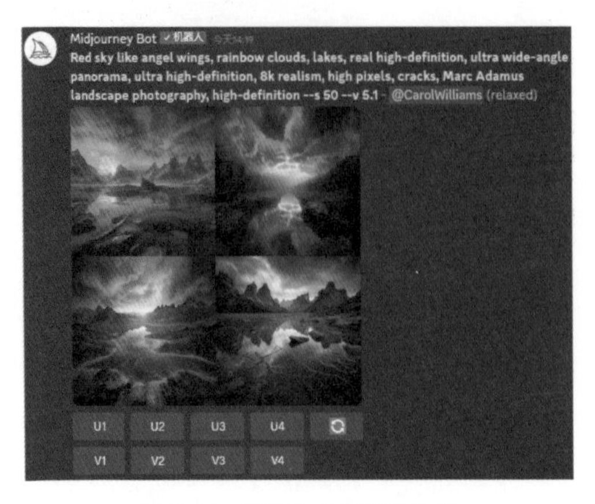

图 5-38　默认生成的图片效果

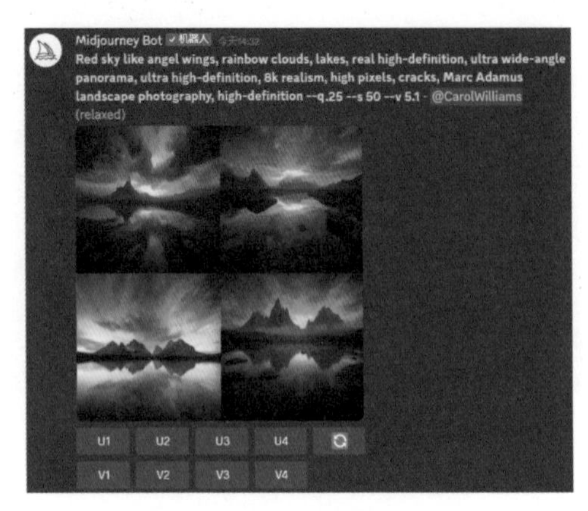

图 5-39　最不详细的图片效果

步骤 03 再次通过/imagine指令输入相同的关键词，并在关键词的结尾加上--q .5指令，即可生成不太详细的图片效果，如图5-40所示。

步骤 04 重复上一步操作，并在关键词的结尾加上--q 1指令，即可生成有更多细节的图片效果，如图5-41所示。

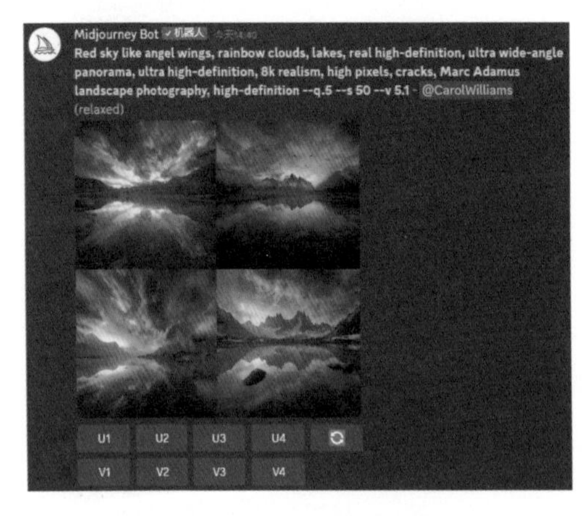

图 5-40　不太详细的图片效果

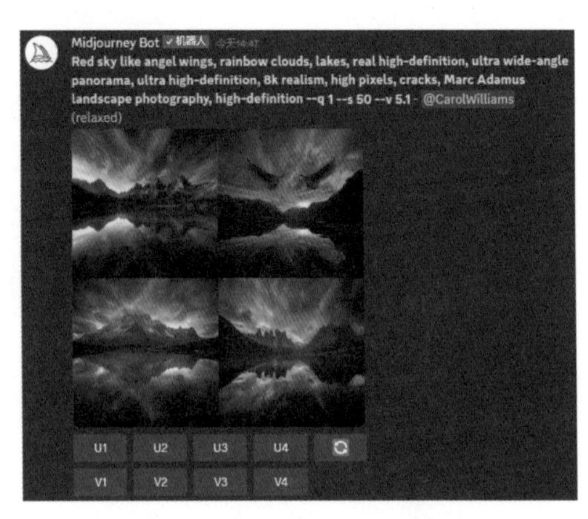

图 5-41　有更多细节的图片效果

图5-42所示为加上--q 1指令后生成的图片效果。需要注意的是，更高的--q值并不总是得到更好的效果，有时较低的--q值可以产生更好的结果，这取决于用户对作品的期望。例如，较低的--q值比较适合绘制抽象风格的画作。

图 5-42　加上 --q 1 指令后生成的图片效果

5.2.4　激发 AI 的创造能力

扫码看教学视频

在Midjourney中使用--chaos（简写为--c）指令，可以激发AI的创造能力，值（0～100）更大AI就会有更多自己的想法，下面介绍具体的操作方法。

步骤 01 通过/imagine指令输入相应的关键词，并在关键词的后面加上--c 10指令，如图5-43所示。

图 5-43　输入相应的关键词和指令

步骤 02 按【Enter】键确认，生成的图片效果如图5-44所示。

图 5-44 较低的 --chaos 值生成的图片效果

步骤 03 再次通过/imagine指令输入相同的关键词，并将--c指令的值修改为100，生成的图片效果如图5-45所示。

图 5-45 较高的 --chaos 值生成的图片效果

5.2.5　有趣的混音模式玩法

扫码看教学视频

使用Midjourney的混音模式可以更改关键词、参数、模型版本或变体之间的纵横比，让AI绘画变得更加灵活多变，下面介绍具体的操作方法。

步骤 01 在Midjourney下面的输入框内输入/，在弹出的列表中选择/settings（背景）指令，如图5-46所示。

步骤 02 按【Enter】键确认，即可调出Midjourney的设置面板，如图5-47所示。

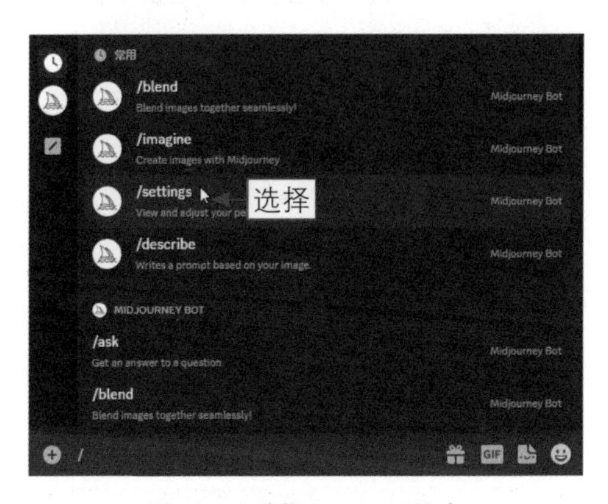

图 5-46　选择 /settings 指令

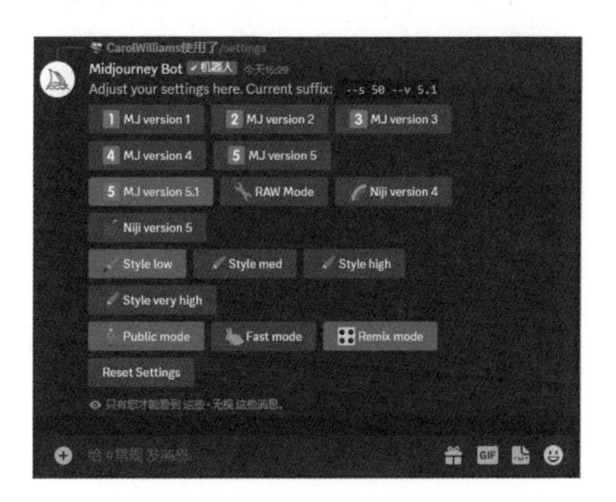

图 5-47　调出 Midjourney 的设置面板

★ 专 家 提 醒 ★

为了帮助大家更好地理解，下面将设置面板中的内容翻译成了中文，如图 5-48 所示。直接翻译的英文不是很准确，具体用法需要用户多练习才能掌握。

步骤 03 在设置面板中单击Remix mode（混音模式）按钮，如图5-49所示，即可开启混音模式。

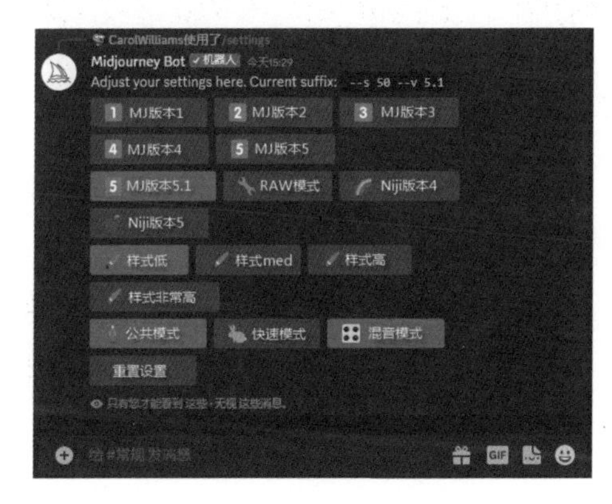

图 5-48　设置面板的中文翻译

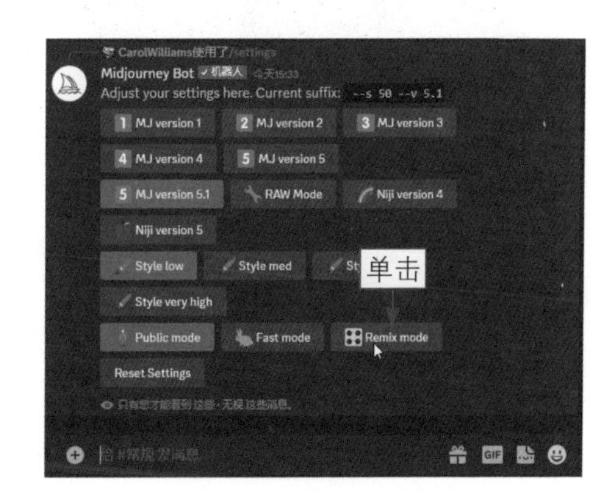

图 5-49　单击 Remix mode 按钮

步骤 04 通过/imagine指令输入相应的关键词，生成的图片效果如图5-50所示。

步骤 05 单击V2按钮，弹出Remix Prompt（混音提示）对话框，如图5-51所示。

图 5-50 生成的图片效果

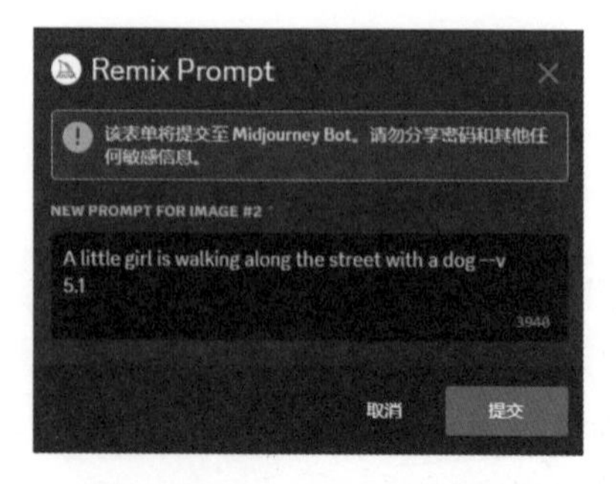

图 5-51 Remix Prompt 对话框

步骤 06 适当修改关键词，如将dog（狗）改为cat（猫），如图5-52所示。

步骤 07 单击“提交”按钮，即可重新生成相应的图片，将图中的小狗变成小猫，效果如图5-53所示。

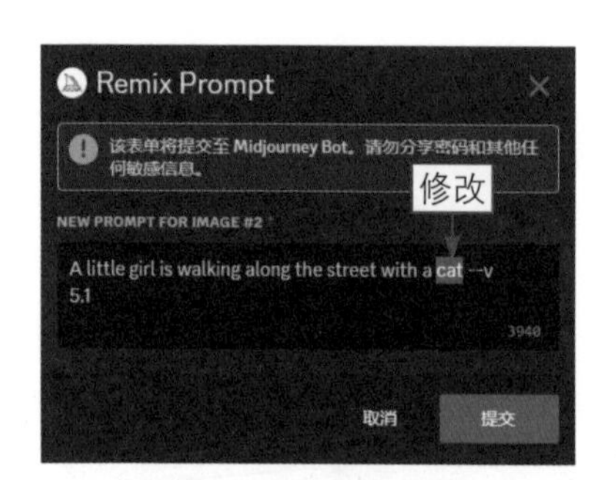

图 5-52 修改关键词

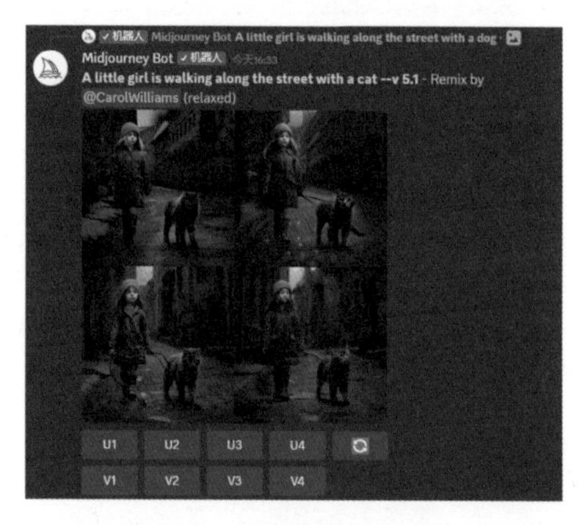

图 5-53 重新生成相应的图片

5.2.6 批量生成多组图片

在Midjourney中使用--repeat（重复）指令，可以批量生成多组图片，大幅提高出图速度，下面介绍具体的操作方法。

扫码看教学视频

步骤 01 通过/imagine指令输入相应的关键词，并在关键词的后面加上--repeat 2指令，如图5-54所示。

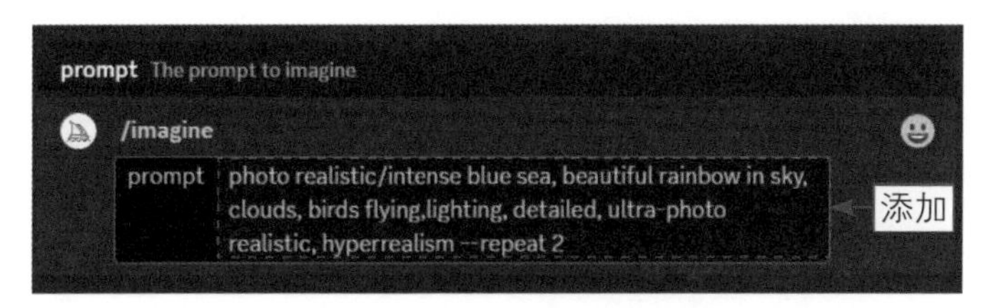

图 5-54　输入相应的关键词和指令

步骤 02 按【Enter】键确认，Midjourney将同时生成两组图片，如图5-55所示。

图 5-55　同时生成两组图片

本章小结

本章主要向读者介绍了 Midjourney 的相关知识，帮助读者了解了 Midjourney 的基本绘画操作和 Midjourney 的高级绘画操作等内容。通过对本章的学习，读者能够更好地认识 Midjourney。

课后习题

鉴于本章知识的重要性，为了帮助读者更好地掌握所学知识，本节将通过课后习题，帮助读者进行简单的知识回顾和补充。

1. 使用 Midjourney 绘制一张长宽比为 16 ： 9 的风景图片。
2. 使用 Midjourney 批量生成 3 组图片。

第 6 章　以文生图，智能文案转优美画

以文生图也就是通过文字生成图片。用户使用 ChatGPT 输入一些描述语句来获得想要的关键词或文本，复制下来粘贴到 Midjourney 当中，然后使用命令和参数就能生成绘画作品，实现以文生图的效果。

6.1 以文生图的流程

以文生图是一种将文字信息转化为图形表示的过程，将文本信息转化为图形表示，以便更直观地展示或呈现文本的结构、关系或其他特征。用户使用ChatGPT生成想要转化的文本内容，然后使用Midjourney生成图片，使其更符合自己的需求和审美标准。本节将以ChatGPT和Midjourney为例，介绍以文生图的基本流程。

6.1.1　使用 ChatGPT 生成文本

扫码看教学视频

使用两个软件以文生图要先把画面的主体内容讲清楚。例如，我们要创作一幅欧式建筑的画作，可以先让ChatGPT帮我们生成关键词，然后再通过Midjourney进行绘画，具体操作方法如下。

步骤 01 在ChatGPT中输入关键词“请帮我简单写5个描述欧式建筑特征的关键词，要求20个字左右”，ChatGPT的回答如图6-1所示。

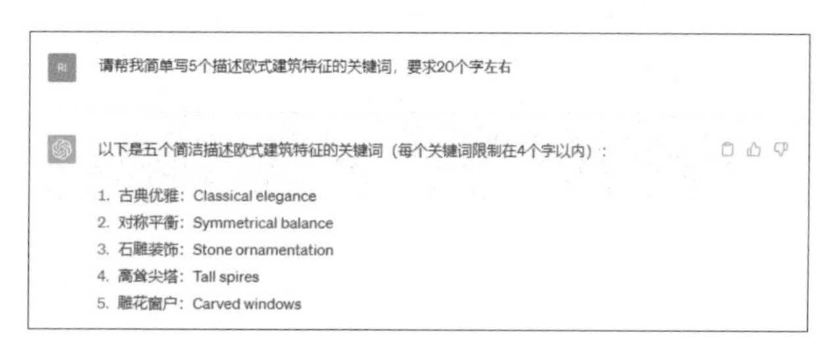

图 6-1　使用 ChatGPT 生成关键词

步骤 02 如果用户觉得生成的内容太少不够，可以在ChatGPT中输入“继续写”，随后ChatGPT将继续生成关键词，如图6-2所示。

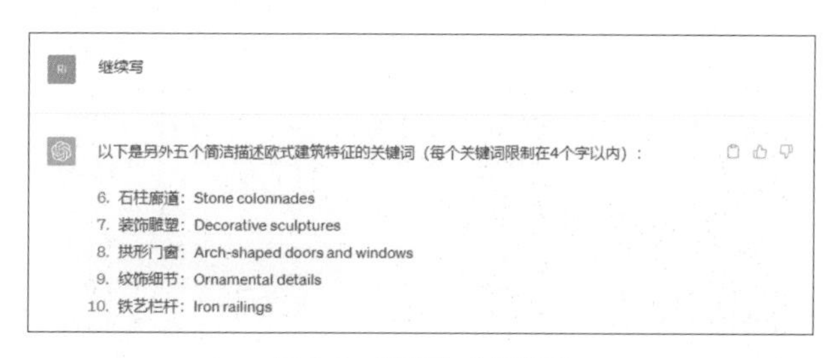

图 6-2　继续生成关键词

在Midjourney中输入英文效果更佳，从上面可以看到，ChatGPT已经自动帮我们把英文翻译放在了后面，如果没有翻译，可以自行使用翻译软件翻译成英文。例如，使用百度翻译，将ChatGPT生成的关键词转换为英文，如图6-3所示。

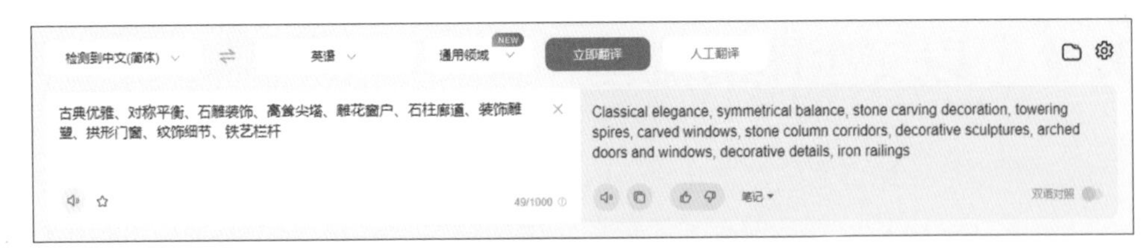

图 6-3　通过百度翻译将关键词转换为英文

6.1.2　使用 Midjourney 以文生图

扫码看教学视频

在一般情况下，用户需要使用英文在Midjourney中输入关键词。将ChatGPT生成的关键词转换为英文后，复制并粘贴到Midjourney中生成图片，具体的操作方法如下。

步骤 01 在Midjourney中通过/imagine指令输入翻译后的英文关键词，以便生成初步的图片效果，如图6-4所示。

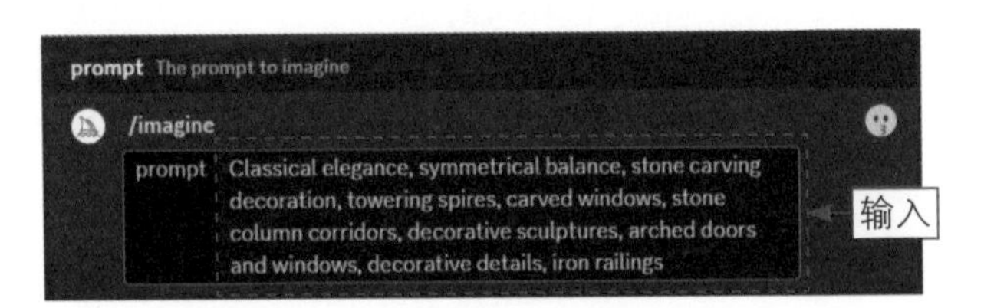

图 6-4　输入相应的关键词

步骤 02 按【Enter】键确认，即可按输入的关键词生成图片，效果如图6-5所示。

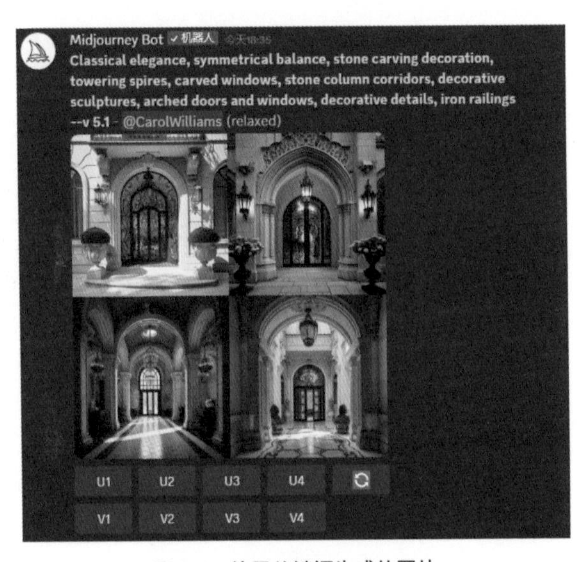

图 6-5　使用关键词生成的图片

6.1.3　重新生成图片

扫码看教学视频

如果对生成的图片不够满意，用户可以通过单击🔄（重做）按钮来重新生成图片，具体的操作方法如下。

步骤 01 在生成的图片下方，单击🔄（重做）按钮，如图6-6所示。

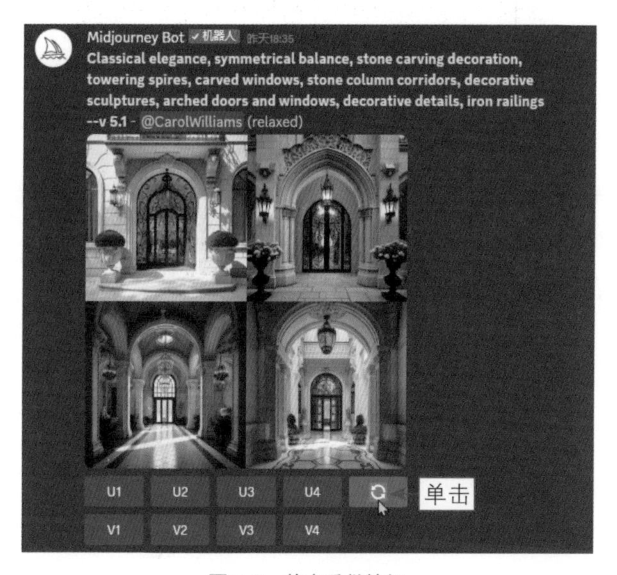

图 6-6　单击重做按钮

步骤 02 执行操作后，Midjourney会重新生成4张图片，如图6-7所示。

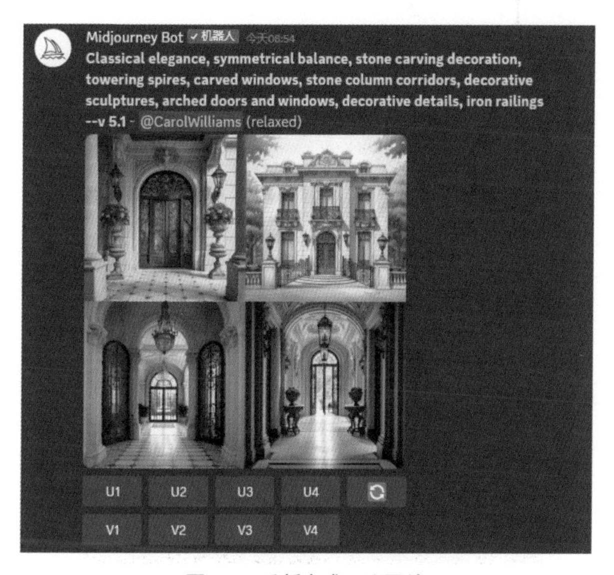

图 6-7　重新生成 4 张图片

步骤 03 如果用户对所生成图片中的其中一张不满意，可以单击图片下方的V按钮。例如，单击V1按钮，Midjourney将以第1张图片为模板，重新生成4张图片，如图6-8所示。

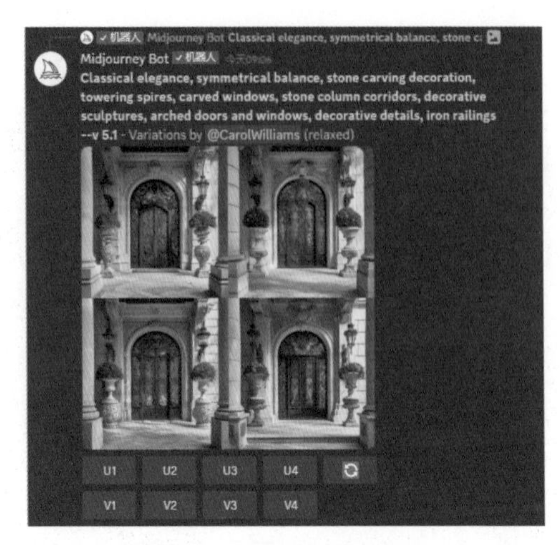

图 6-8　重新生成 4 张图片

6.1.4　放大查看图片

扫码看教学视频

生成图片后，如果用户觉得还算满意，可以通过单击U按钮来进行放大查看，并在相应图片的基础上进行更加精细的刻画，然后将精细刻画后的图片进行保存，具体的操作如下。

步骤 01 以6.1.3小节的效果为例，单击U4按钮，如图6-9所示。

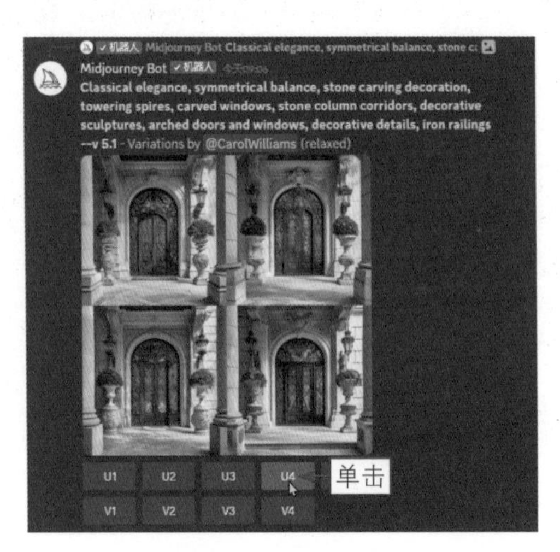

图 6-9　单击 U4 按钮

步骤02 执行操作后，Midjourney将在第4张图片的基础上进行更加精细的刻画，并放大图片，如图6-10所示。

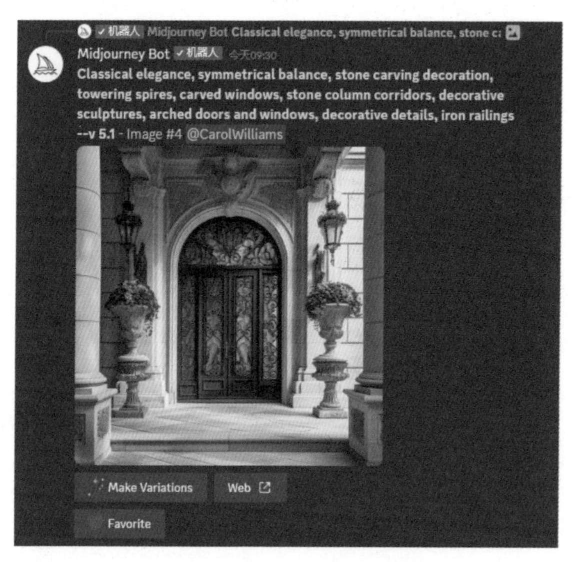

图 6-10　放大第 4 张图片效果

步骤03 单击图片，显示大图效果，单击“在浏览器中打开”链接，如图6-11所示。

图 6-11　单击“在浏览器中打开”链接

步骤04 执行操作后，即可在浏览器中预览更大的图片效果；单击鼠标右键，选择“图片另存为”命令，如图6-12所示，即可保存图片。

图 6-12　选择“图片另存为”命令

6.2 使用命令优化图片

Midjourney包含许多命令与参数，要想绘制出满意的图片，就需要熟练掌握它们，并花一些时间来操作以便提高熟练度。本节将整理Midjourney中的一些常用命令与参数。

6.2.1　/imagine 命令

在Midjourney中，可以使用命令控制更改图像生成的方式，下面列举一些Midjourney中常用的命令与参数。

1. --ar（更改画面比例）

使用该参数可以更改图片的比例，注意必须使用整数，超出模型设定的比例值会出现略微不可预测的结果，最好使用模型预定的比例，合适的比例会影响结果的好坏，例如电影画面更适合16：9的横屏图片，如图6-13所示。

图 6-13　比例为 16 ：9 的图片

2. --q（质量）<.25，.5，1，2>

使用该参数可以改变图片的渲染质量，输入的值越高，细节越精细，所花费的时间也越长。例如，图6-14所示为--q指令下不同参数生成的图片。

图 6-14　不太详细和有更多细节的图片效果

3. --s（风格强度）<0～1000>

使用该参数可以调整所描述的风格对图片结果的影响程度，默认值为100。其中，--s 50为低风格（low），--s 100为中风格（med），--s 250为高风格（high），--s 750为非常高（very heigh）。

4. --c（混乱）<0～100>

使用该参数可以改变图片结果的多样性（4张图之间的差异性更强）。例如，图6-15为--c指令下不同参数生成的图片。

图 6-15 差异性小和差异性大的图片效果

5. --iw（图像权重）<–10000～10000>

使用该参数可以调整链接图片与文本描述的影响程度，默认值为0.25。一般情况下，只需在1～5范围内调整，影响和变化就足够大。

6. --no（排除）

使用该参数可以排除不要的内容，负面加权。例如，--no plants会尝试移除图片中的植物，如图6-16所示，可以看到图片中植物的元素减少了许多。

图 6-16 排除部分内容前后的图片效果

7. --style（风格）<4a，4b，4c>

使用该参数可以在Midjourney模型下面选择不同的风格版本，默认为4c版，细节更丰富。--style 4a偏向更大视野的呈现，支持1∶1、2∶3、3∶2的尺寸；--style 4b更偏向特写呈现，支持1∶1、2∶3、3∶2的尺寸；--style 4c也更偏向特写呈现，并额外支持1∶2和2∶1的尺寸，可以在版本后面追加进行修改，例如--style 4a。

8. --stop（停止）<10～100>

使用该参数可以自定义图片的进度，必须为整数，调整的值越大完成度越高，越接近成品；调整的值越小完成度越低，可能会产生更模糊、细节不够清晰的结果。

9. --uplight（更加柔和）

使用该参数可以使画面更加柔和与平滑，细节更少。

6.2.2　表情符号

在已完成的任务右上方单击“添加反应”按钮，即可展开“表情符号”面板，使用相应的表情符号，可以触发机器人的动作，下面介绍面板中的各个表情符号。

1. 取消和删除

在已完成的任务上使用“取消和删除”表情符号，如图6-17所示，可以从Midjourney网站上删除该任务。

图 6-17　使用“取消和删除”表情符号

2. 收藏

使用“收藏”表情符号⭐，如图6-18所示，可以将图像标记为“收藏”，随后Midjourney会将图像发送到用户的频道。

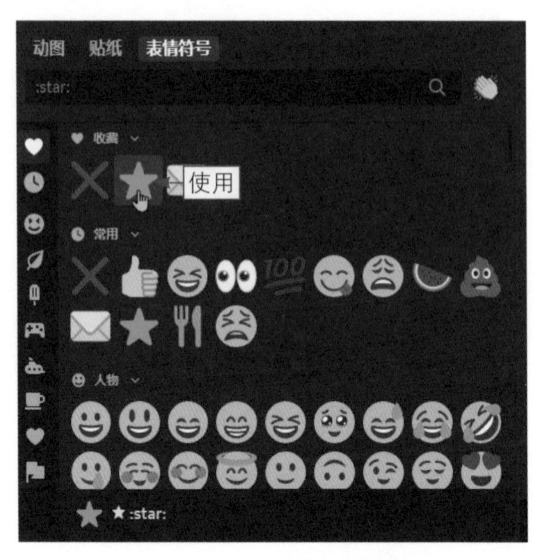

图 6-18　使用“收藏”表情符号

3. 信封

使用“信封”表情符号✉，如图6-19所示，Midjourney会将完成的图片以私信的方式发送给你。

图 6-19　使用“信封”表情符号

私信内容将包括图片的种子编号和作业ID，如果“信封”表情符号用于图像网格，则网格将作为单独的图像发送，该表情符号仅用于个人。如果在表情栏中找不到“信封”表情符号，可以通过在表情符号列表中输入envelope来寻找该表情符号，如图6-20所示。

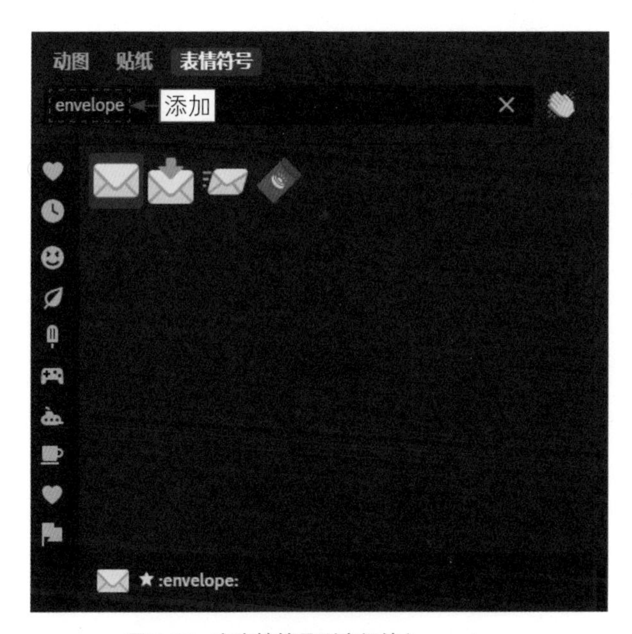

图 6-20　在表情符号列表框输入 envelope

6.2.3　带 URL 的图像提示

当用户使用Midjourney的时候，在提示中添加一个或多个图像URL，可以将使用的这些图像作为视觉灵感的来源。用户可以将文字和图像混合使用，也可以单独使用图像。

图像URL与Disco Diffusion（初始化）图像不同，它仅仅是利用图像来作为灵感来源，并不是从图像开始直接进行变化创作，由于对社区公共内容版权上的担忧，Midjourney目前不提供使用初始图像的功能。

使用--iw命令可以调整图像URL与文本的权重（--iw 0.5将图像权重减半，--iw 2将图像权重提高两倍）。

★ 专 家 提 醒 ★

在 Midjourney 中，可以使用多个图像提示，但目前无法对不同的图像提示应用不同的权重。

6.2.4 高级文本权重

在Midjourney中，用户可以为提示的任何部分添加后缀，在提示中添加双冒号::（必须为英文符号），向Midjourney Bot表明它应该分别考虑提示的每个部分。下面举例说明高级文本权重的概念。

通过/imagine指令输入hot dog（热狗），Midjourney默认生成的图片效果如图6-21所示。可以看到，Midjourney将所有单词都考虑在了一起，从而生成热狗的图片。

图 6-21　输入 hot dog 生成的图片

我们可以使用::指令将提示分为两个部分，把两个概念分开考虑，从而生成很热的狗图片，如图6-22所示。

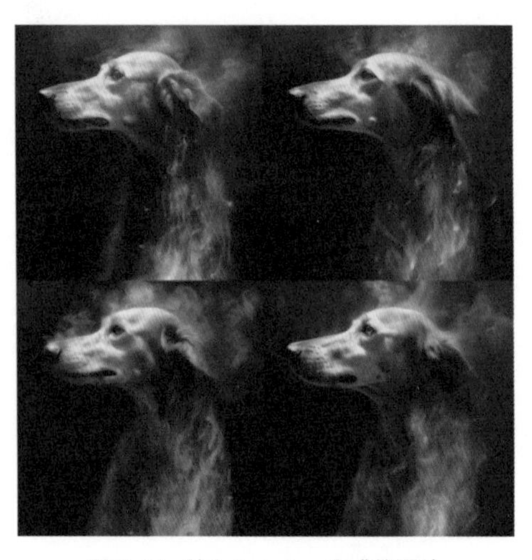

图 6-22　输入 hot::dog 生成的图片

当使用双冒号指令将提示分成不同的部分时，用户可以在指令的后面添加一个数字，以分配提示该部分的相对重要性。例如，通过/imagine指令输入hot::2dog，左边hot的权重是右边dog的两倍，生成的图像如图6-23所示。

图 6-23　输入 hot::2dog 生成的图片

通过/imagine指令输入wood teapot（木头茶壶），生成的图像如图6-24所示。可以看到，wood teapot被当成了连续短语。

图 6-24　输入 wood teapot 生成的图片

通过/imagine指令输入wood::teapot，生成的图像如图6-25所示。可以看到，wood与teapot被分开考虑。

图 6-25　输入 wood::teapot 生成的图片

本章小结

本章主要向读者介绍了使用 ChatGPT 和 Midjourney 以文生图的操作技巧，帮助读者了解了以文生图的流程和使用命令参数优化图片的相关知识。通过对本章的学习，读者能够多加练习，熟练掌握以文生图的操作方法。

课后习题

鉴于本章知识的重要性，为了帮助读者更好地掌握所学知识，本节将通过课后习题，帮助读者进行简单的知识回顾和补充。

1. 用以文生图的方式绘制一张植物的图片。
2. 使用 --ar 命令参数绘制一个 4 ： 3 比例的图片。

第7章 以图生图，将图片智能加工成作品

在 Midjourney 中，以图生图是一个很好用的功能，它是借助于深度学习网络，以及大量的数据和多层特征提取的方式实现的，可以帮助用户更好地去参考或对照两者的差异，使用户的选择更加广泛。

7.1 以图生图的流程

以图生图是一种使用计算机程序根据给定的文字描述或指令生成相应图像的技术。用户将下载好的图片上传至Midjourney，然后根据指令让Midjourney Bot生成更符合预期和需求的图片。本节将以ChatGPT和Midjourney为例，介绍以图生图的基本流程。

7.1.1 保存图片链接

扫码看教学视频

Midjourney通过对大量的图像数据进行训练，让计算机程序学习图像中的模式、结构和语义信息。例如，我们要创作一幅皮克斯电影风格的斑点小狗图片，可以先使用Midjourney生成一张斑点小狗的图片作为参考，然后保存它的链接，具体操作方法如下。

步骤 01 通过/imagine指令输入关键词“a spotted puppy（一只斑点小狗）”，随后Midjourney生成斑点小狗的图片，如图7-1所示。

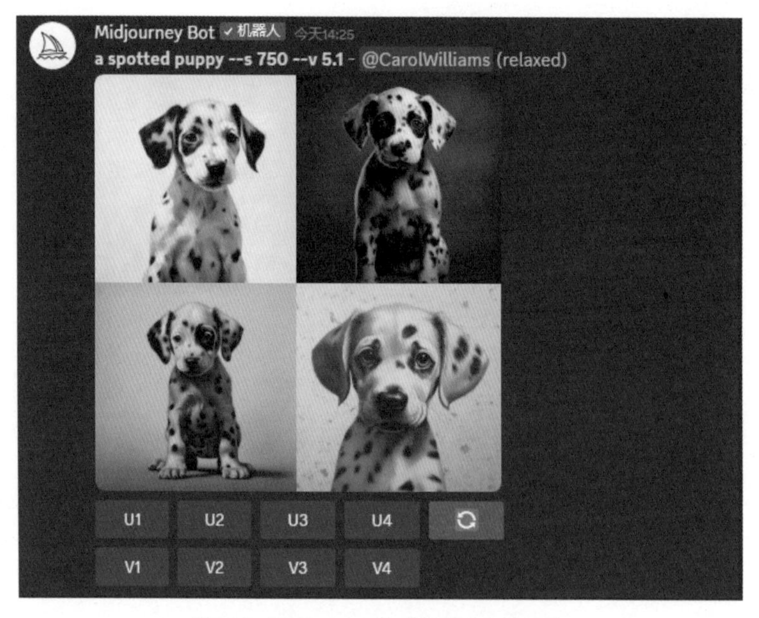

图 7-1　Midjourney 生成的斑点小狗图片

步骤 02 如果对生成的图片满意，可以在生成的4张图片中选择一张合适的图片，单击U按钮来进行选择，这里选择第4张图，所以单击U4按钮，生成的图片如图7-2所示。

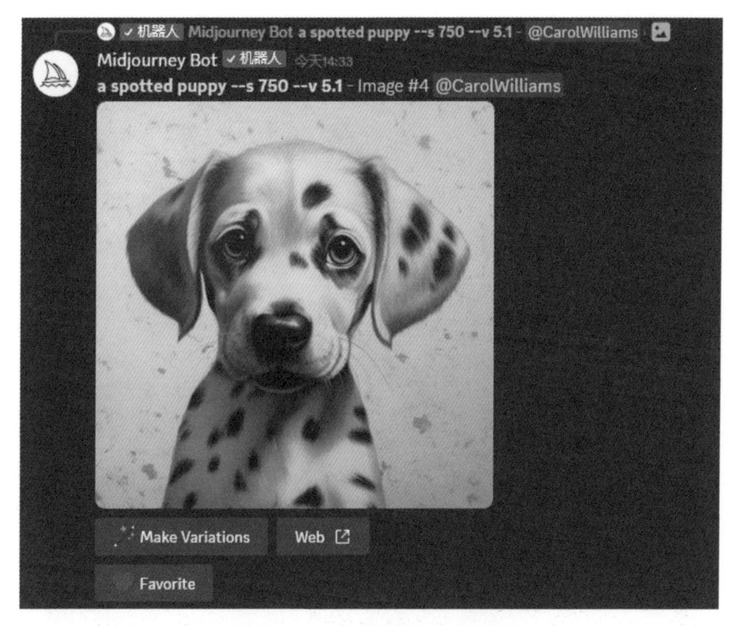

图 7-2　单击 U4 按钮生成的图片

步骤 03 生成图片后，单击图片，显示大图效果，然后单击“在浏览器中打开”链接，如图7-3所示。执行操作后，即可在浏览器的新窗口中打开该图片，然后复制打开的链接地址。

图 7-3　Midjourney 生成的斑点小狗图片

7.1.2 复制并粘贴关键词

复制好链接后，返回Midjourney中，然后把链接粘贴到Midjourney的指令后面，就可以通过Midjourney生成图片，具体操作方法如下。

步骤 01 在Midjourney下面的输入框内输入/，在弹出的列表中选择/imagine指令，如图7-4所示。

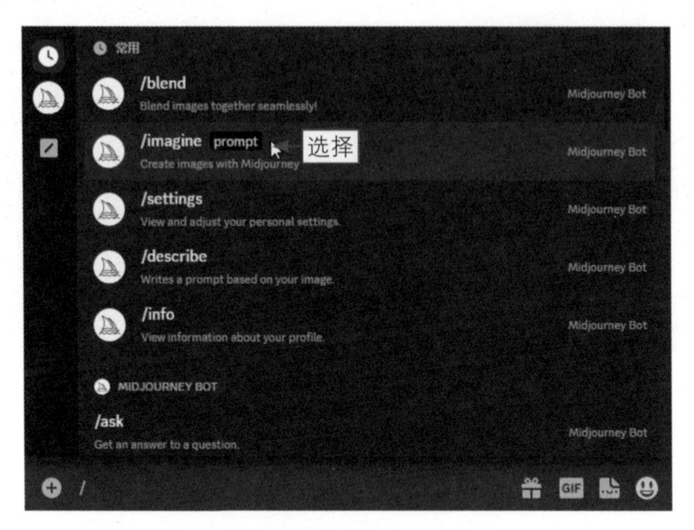

图 7-4　选择 /imagine（想象）指令

步骤 02 然后将复制的链接粘贴到指令的后面，如图7-5所示。

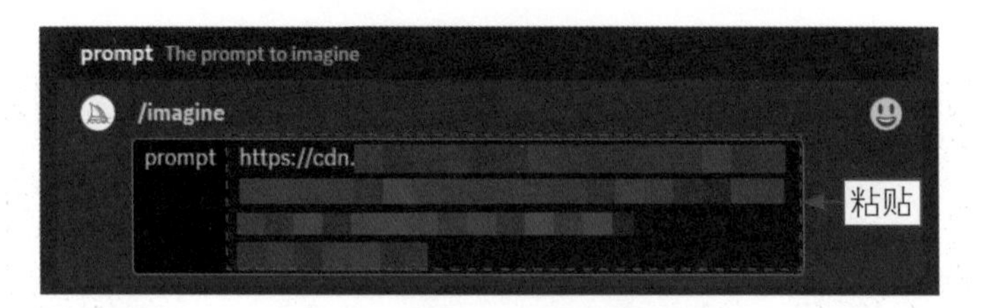

图 7-5　将链接粘贴到指令的后面

7.1.3 粘贴 ChatGPT 生成的 prompt

要创作一幅皮克斯电影风格的斑点小狗图片，可以先让ChatGPT帮我们生成关键词，然后添加到Midjourney的链接后面，具体操作方法如下。

步骤 01 在ChatGPT中输入关键词“请帮我简单写5个描述皮克斯电影风格的关键词，要求10个字”，ChatGPT的回答如图7-6所示。

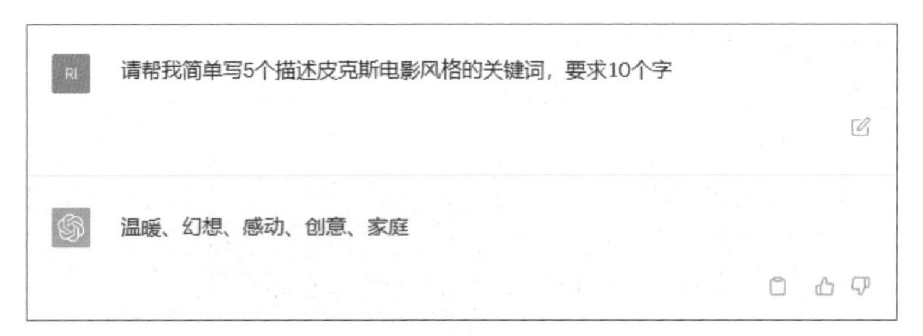

图 7-6　使用 ChatGPT 生成关键词

步骤 02 如果用户对生成的内容不够满意，可以单击下方的“Regenerate response（重新生成响应）”按钮重新生成回答，回答的内容如图7-7所示。

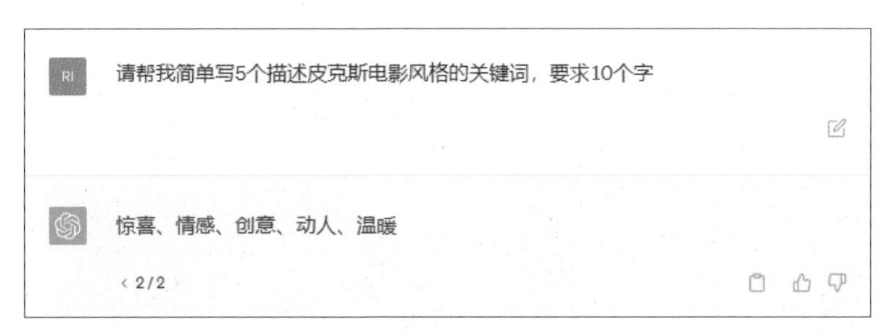

图 7-7　重新生成的内容

步骤 03 选择合适的内容并复制下来，粘贴到百度翻译的文本框中，翻译成英文，如图7-8所示。

图 7-8　通过百度翻译将关键词转换为英文

7.1.4　发送给 Midjourney

扫码看教学视频

通常情况下，用户需要使用英文在Midjourney中输入关键词，我们把转换成英文的关键词复制下来，粘贴至链接的后面，然后通过Midjourney生成图片，具体的操作方法如下。

步骤 01 在Midjourney中的链接后面粘贴转换后的英文关键词，然后在此基础上加上关键词“pixar film style（皮克斯电影风格）”，如图7-9所示。

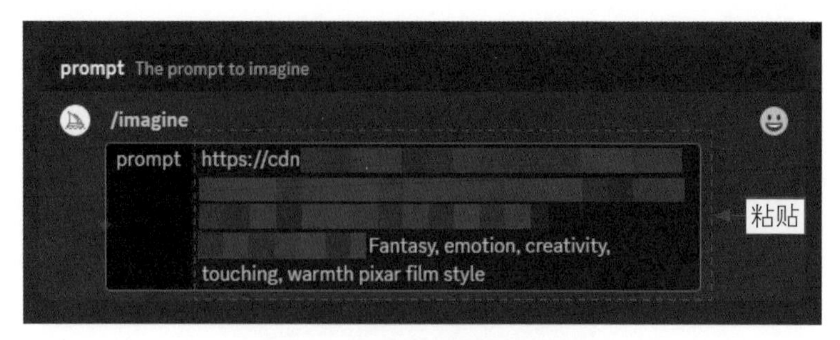

图 7-9 在链接后面加上关键词

步骤02 按【Enter】键确认，Midjourney将按照输入的关键词生成4张对应的图片，如图7-10所示。

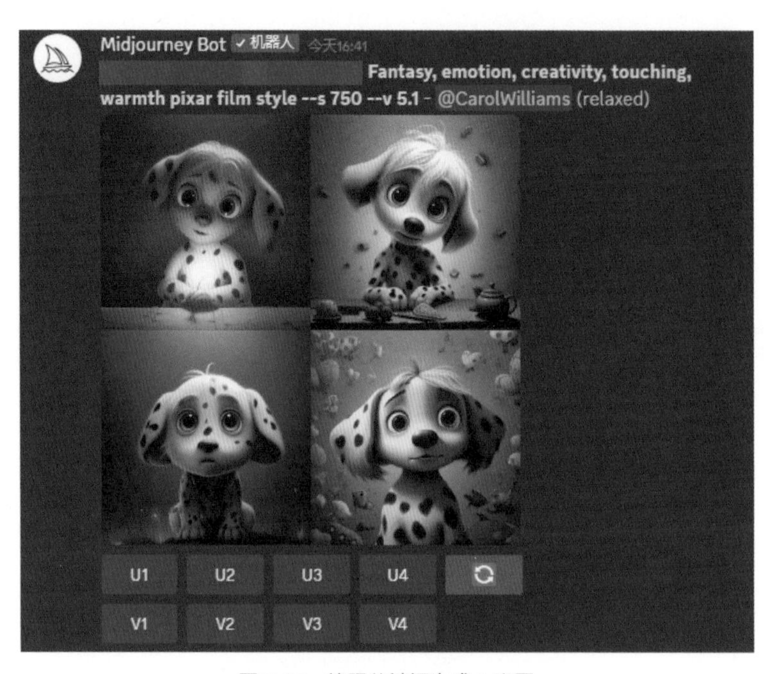

图 7-10 按照关键词生成 4 张图

7.1.5 选择图片进行保存

扫码看教学视频

当用户使用Midjourney进行绘图后，Midjourney会根据输入的关键词生成4张对应的图片，如果用户觉得满意，可以选择其中一张进行保存，具体的操作方法如下。

步骤01 在上一节的基础上，选择一张图片进行保存，这里选择第4张图片，单击U4按钮，如图7-11所示。

图 7-11　单击 U4 按钮

步骤 02 执行操作后，Midjourney将在第4张图片的基础上进行更加精细的刻画，并放大图片，效果如图7-12所示。

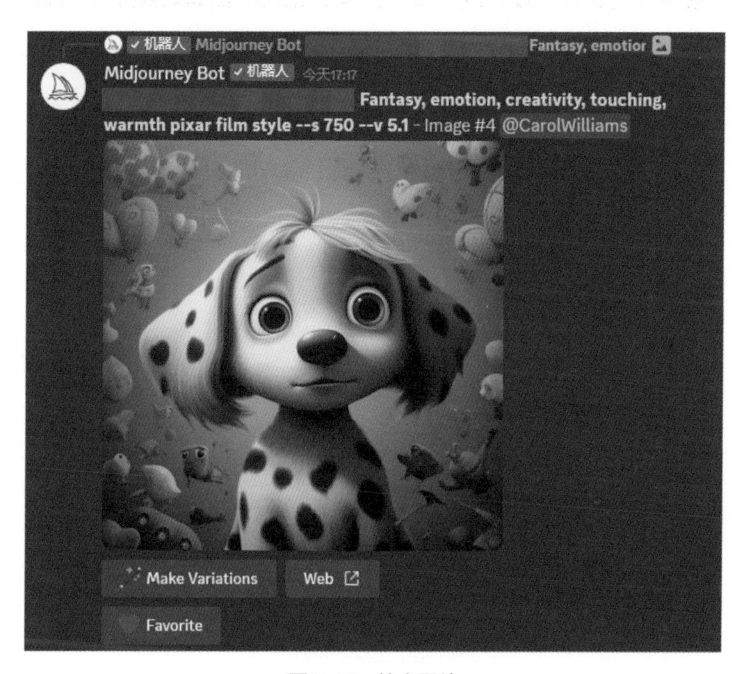

图 7-12　放大图片

步骤 03 单击图片可以显示更大的放大效果，然后单击鼠标右键，选择“图片另存为”命令，如图7-13所示。弹出“另存为”对话框，选择合适的保存位置，单击“保存”按钮，即可保存图片。

图 7-13 选择“图片另存为”命令

7.2 以图生图的进阶用法

有时候使用以图生图功能往往达不到用户想要的效果，这时候可以添加特定的参数对图片进行优化。本节将以ChatGPT和Midjourney为例，使用这些命令参数，应用到以图生图的功能当中。

7.2.1 风格强度

扫码看教学视频

在Midjourney中，当使用关键词进行绘图时，若生成的图片达不到用户想要的效果，风格不够明显，可以使用--s命令参数调整风格强度，下面介绍具体的操作。

步骤 01 首先用Midjourney生成一张风景图片，如图7-14所示。用上一节的方法将图片在浏览器中打开，然后复制它的链接地址。

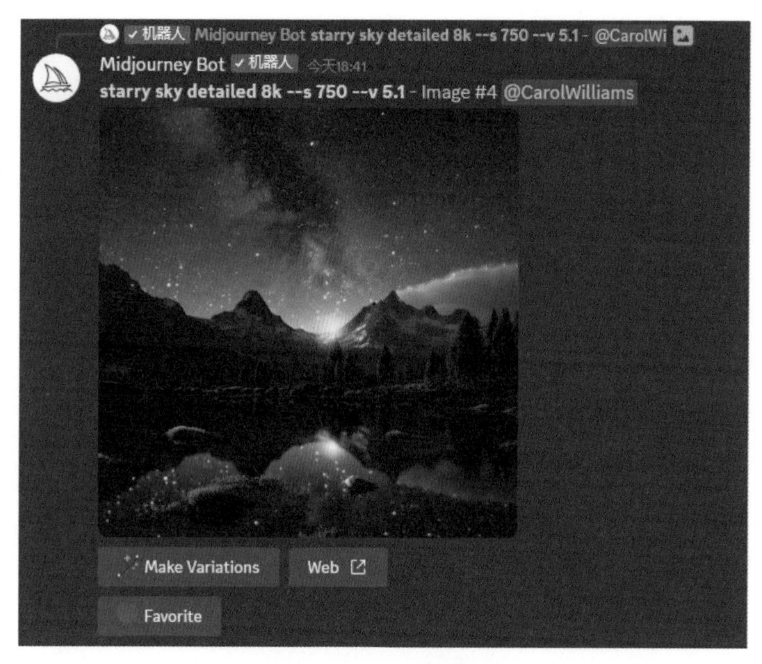

图 7-14　生成一张风景图片

步骤 02 在/imagine指令的后面粘贴链接地址，并输入关键词"abstraction（抽象概念）"，给图片添加抽象风格，生成的图片如图7-15所示。

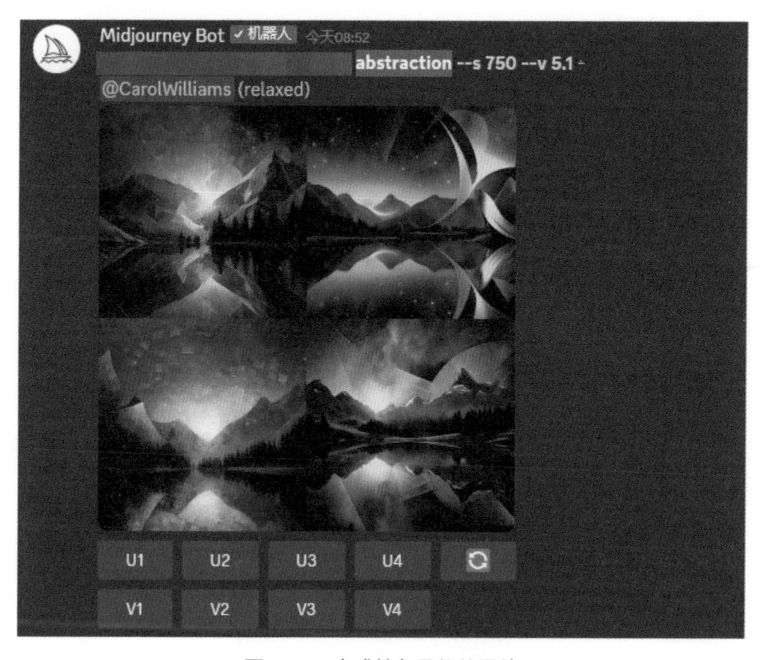

图 7-15　生成抽象风格的图片

步骤03 选择其中一张图片进行放大，效果如图7-16所示。该图片为没有调整风格强度的效果。

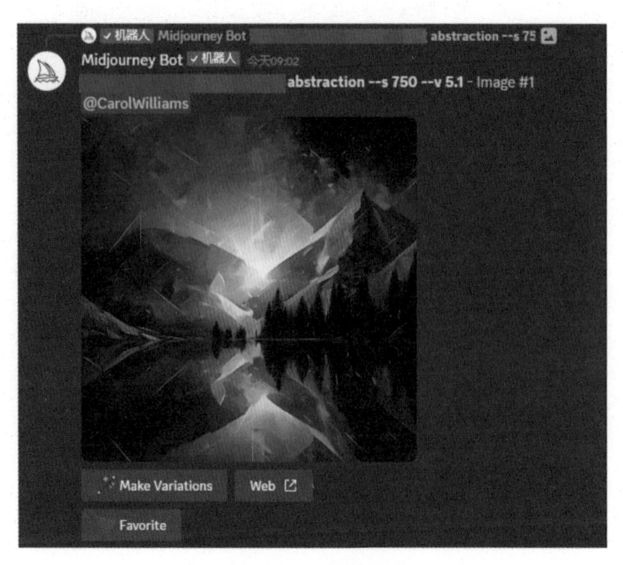

图 7-16　放大图片

步骤04 在/imagine指令的后面粘贴链接地址，并输入关键词abstraction，然后添加命令参数--s 50，即可将图片调整为低风格，生成的图片如图7-17所示。

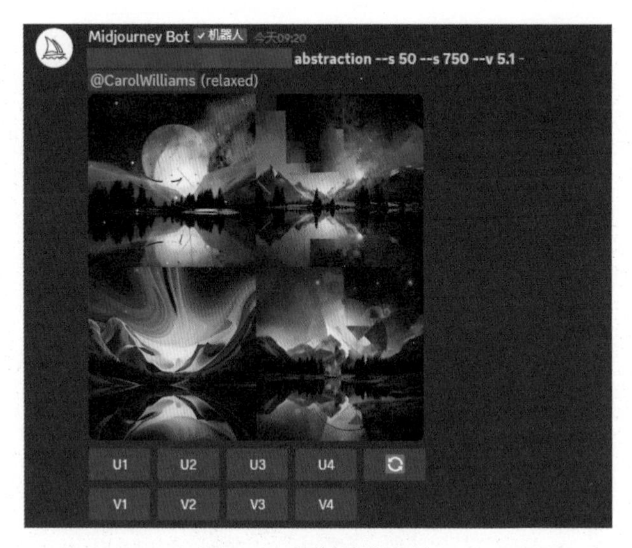

图 7-17　生成低风格图片

步骤05 用与上面相同的方法输入关键词，并添加参数--s 250，即可将图片调整为高风格，生成的图片如图7-18所示。

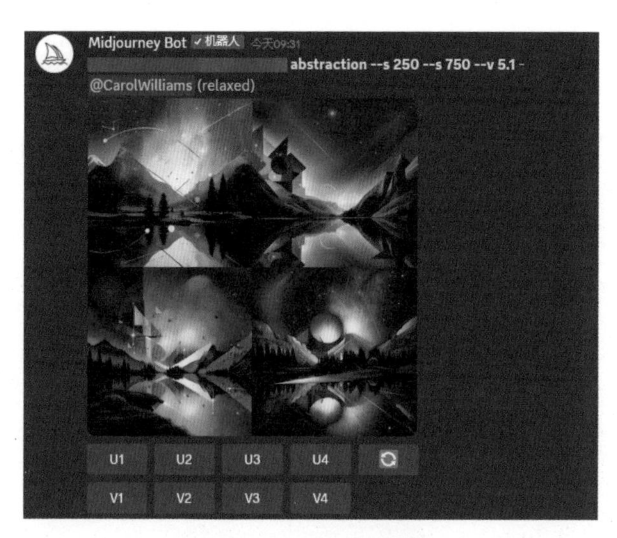

图 7-18　生成高风格图片

7.2.2　渲染质量与排除

扫码看教学视频

在使用Midjourney时，若想要调整所生成图片的渲染质量，可以使用--q命令参数，有时候生成的图像会出现人像，这时可以使用--no命令参数来排除人像，下面介绍具体的操作。

步骤 01 首先用Midjourney生成一张风景图片，如图7-19所示。将图片在浏览器中打开，然后复制它的链接地址。

图 7-19　生成风景图片

步骤 02 在/imagine指令的后面粘贴链接地址，并输入关键词“gorgeous --no people woman man person（华丽，没有女人和男人）”，生成的图片如图7-20所示。

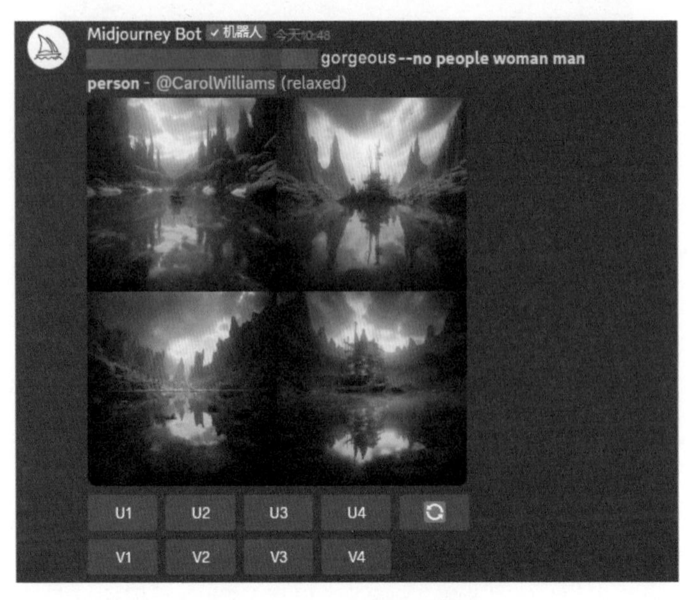

图 7-20　输入关键词生成图片

步骤 03 选择其中一张图片进行放大，效果如图7-21所示。该图片为排除掉人像且没有设置渲染质量的效果。

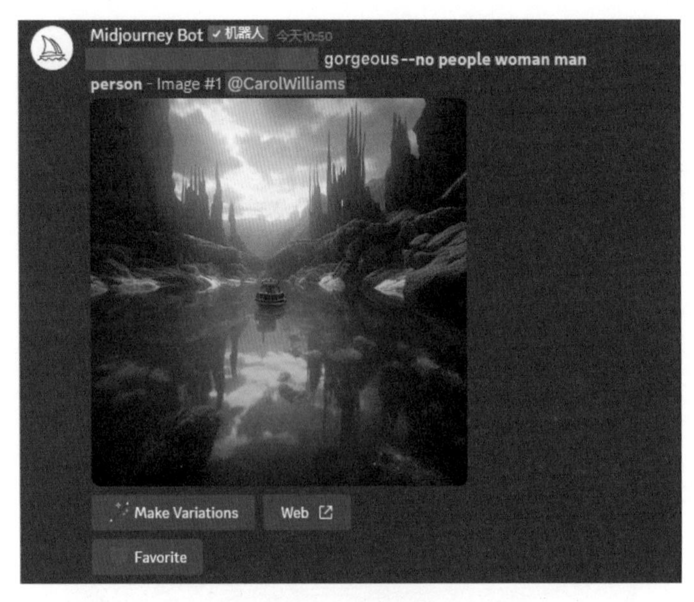

图 7-21　放大图片

步骤 04 在/imagine指令的后面粘贴链接地址，输入关键词“gorgeous（非常漂亮的）”，并添加命令参数--q .25，即可将图片的渲染质量调低，生成的图片如图7-22所示。

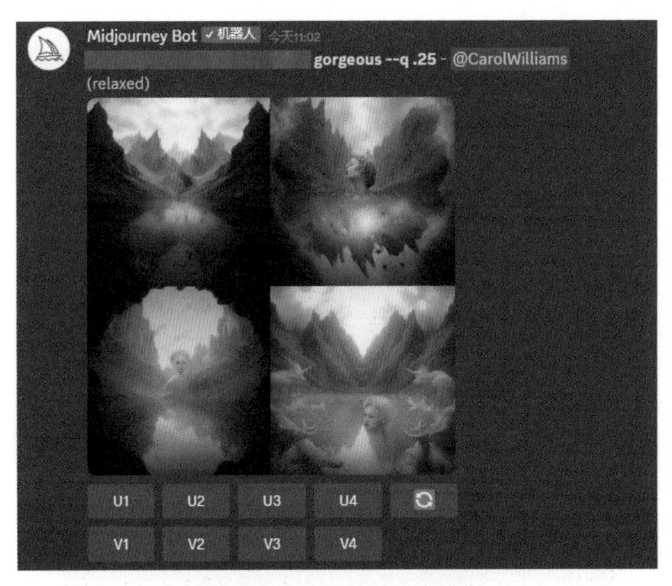

图 7-22　生成渲染质量低的图片

步骤 05 用与上面相同的方法输入关键词，并添加命令参数--q .2，即可将图片的渲染质量调高，生成的图片如图7-23所示。

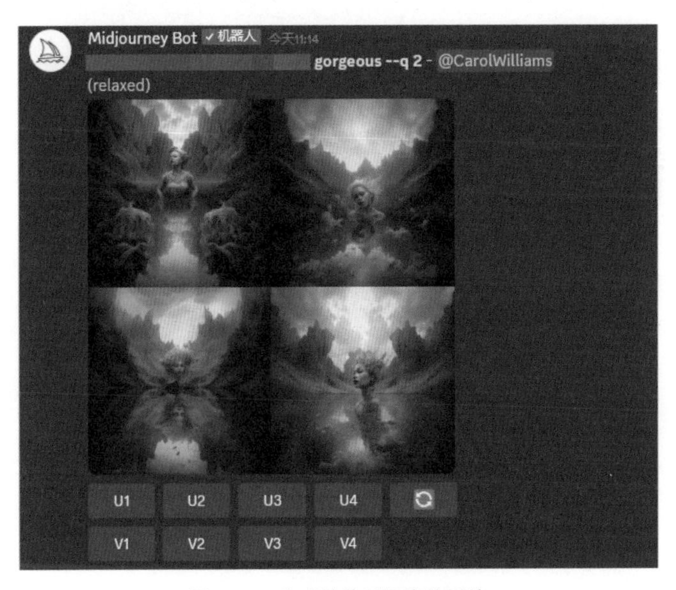

图 7-23　生成渲染质量高的图片

7.2.3 图片差异性

扫码看教学视频

在Midjourney中，使用--c命令参数可以改变图片结果的多样性，使4张图的差异性更强，让用户可以选择的范围更加广泛，下面介绍具体的操作。

步骤 01 首先用Midjourney生成一张图片，如图7-24所示。将图片在浏览器中打开，然后复制它的链接地址。

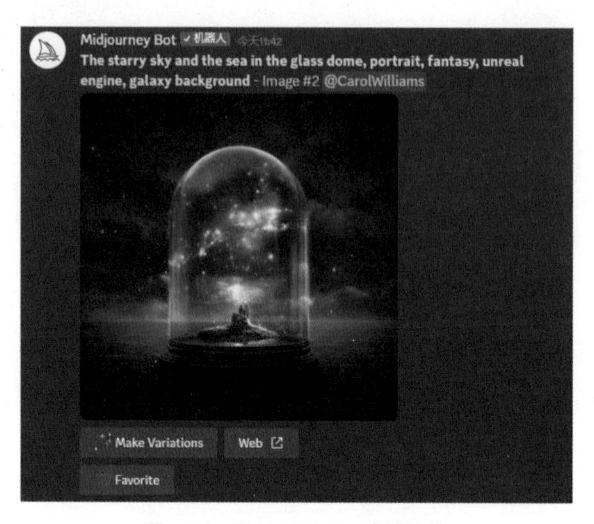

图 7-24 用 Midjourney 生成图片

步骤 02 在/imagine指令的后面粘贴链接地址，并输入关键词“starry sky（星空）”，生成的图片如图7-25所示。可以看到生成的4张图片风格相似。

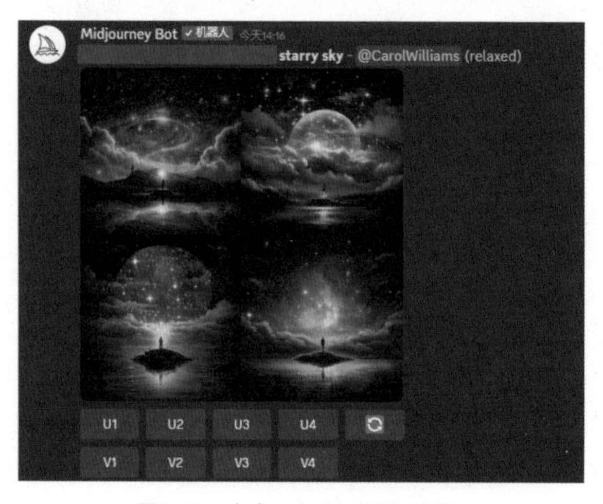

图 7-25 生成 4 张风格相似的图片

步骤 03 在/imagine指令的后面粘贴链接地址，输入关键词starry sky，并添加命令参数--c 100，即可生成差异很大的4张图片，如图7-26所示。

图 7-26　差异很大的 4 张图片

7.2.4　更改图片比例

扫码看教学视频

当用户在Midjourney中使用以图生图功能时，还可以使用--ar命令更改图片的比例，以此来增强图片的视觉效果，下面介绍具体的操作。

步骤 01 首先用Midjourney生成一张图片，如图7-27所示。将图片在浏览器中打开，然后复制它的链接地址。

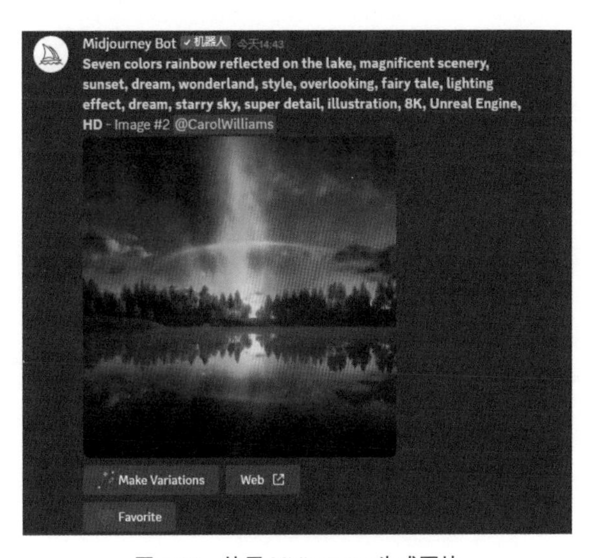

图 7-27　使用 Midjourney 生成图片

步骤 02 然后在/imagine指令的后面粘贴链接地址，输入关键词“waterfall（瀑布）”，并添加参数--ar 4:3，即可生成特定比例的图片，如图7-28所示。

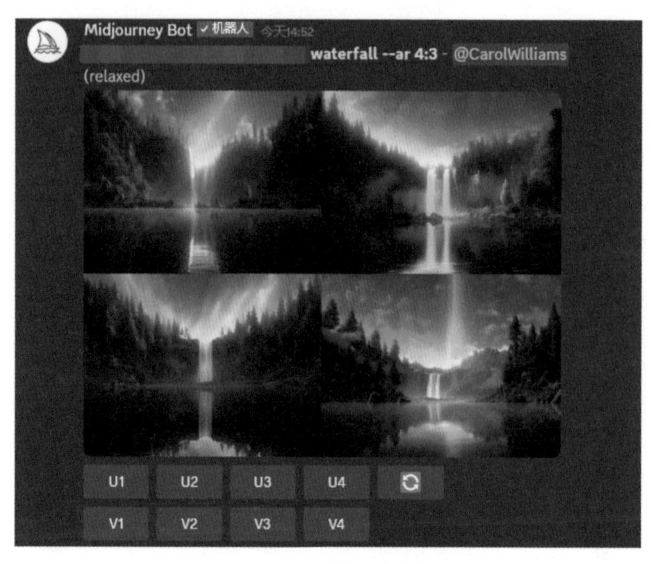

图 7-28　生成特定比例的图片

本章小结

本章主要向读者介绍了使用 ChatGPT 和 Midjourney 以图生图的操作技巧，帮助读者了解了以图生图的流程和以图生图的进阶用法。通过对本章的学习，读者对以图生图的操作更加熟练。

课后习题

鉴于本章知识的重要性，为了帮助读者更好地掌握所学知识，本节将通过课后习题，帮助读者进行简单的知识回顾和补充。

1. 使用以图生图功能绘制一只小鸟，并将图片风格强度调整为中风格。

2. 使用以图生图功能绘制电影画面，并改变图片的比例为 16 ：9。

【应用实战线】

第 8 章　漫画风格，AI 绘画二次元漫画

二次元（2D）是一个源自日本文化的概念，用来描述平面或图像上的虚构世界，许多动漫、漫画和游戏以二次元风格为主题。二次元文化还衍生出了许多二次元偶像、二次元音乐和二次元社交活动，吸引了大批粉丝和爱好者。

8.1 生成新海诚风格漫画

新海诚（Makoto Shinkai）是一位日本著名动画导演和作家，他的作品风格独特，擅长以感性的叙述方式，描绘许多极具现实感的故事情节。新海诚的作品往往聚焦于温情、友情或爱情等主题，着重于对人物情感的描写，极具感染力，读者很容易被其所吸引。

在新海诚的作品中，人物和背景的线条流畅而富有流动感，这种线条的运用使得动态场景更生动，同时也增强了情感的表达。这使得他的作品在观众中产生了广泛的共鸣，并赢得了许多粉丝的喜爱。随着时代的变迁和人们对艺术文化需求的不断提高，相信AI漫画将得到更多人的喜爱。本节将使用ChatGPT和Midjourney来生成新海诚风格的漫画作品。

8.1.1 关键词文案

扫码看教学视频

新海诚的作品更加注重小情节的细节处理，每一个情节都是为了凸显人物情感和人性而设定的，用情感去体会人物生活的各种状态和变化，营造出一种很温暖的氛围。下面以ChatGPT为例，介绍生成新海诚风格关键词文案的操作方法。

步骤01 在ChatGPT中输入“你知道新海诚吗”，ChatGPT的回答如图8-1所示。

RI 你知道新海诚吗

是的，我知道新海诚（Makoto Shinkai）。他是一位日本动画导演和编剧，以其精美的视觉效果、浪漫的故事情节和深入的情感描写而闻名。他最为知名的作品是2016年的动画电影《你的名字。》（Your Name），该电影在全球范围内取得了巨大的成功和广泛的赞誉。

新海诚出生于1973年2月9日，他在东京长大，并在日本动画学院学习。他的职业生涯始于制作短篇动画和广告片，后来逐渐开始创作长篇动画作品。

除了《你的名字。》，新海诚还执导了其他一些备受好评的动画电影，包括《秒速5厘米》（5 Centimeters Per Second）、《言叶之庭》（The Garden of Words）和《天气之子》（Weathering with You）。这些作品通常融合了浪漫的爱情故事和美丽的自然场景，以及对青春期和成长的思考。

新海诚的作品以其独特的细腻情感和出色的视觉呈现而受到了全球观众的喜爱。他的作品常常探索人与人之间的情感联系、时间的流逝以及对未来的渴望，给观众带来深思和感动。

图 8-1 “你知道新海诚吗”的回答

步骤02 接着在ChatGPT中继续输入“请模仿新海诚的风格，写一篇关于校园故事的文章，要求200字左右”，ChatGPT的回答如图8-2所示。

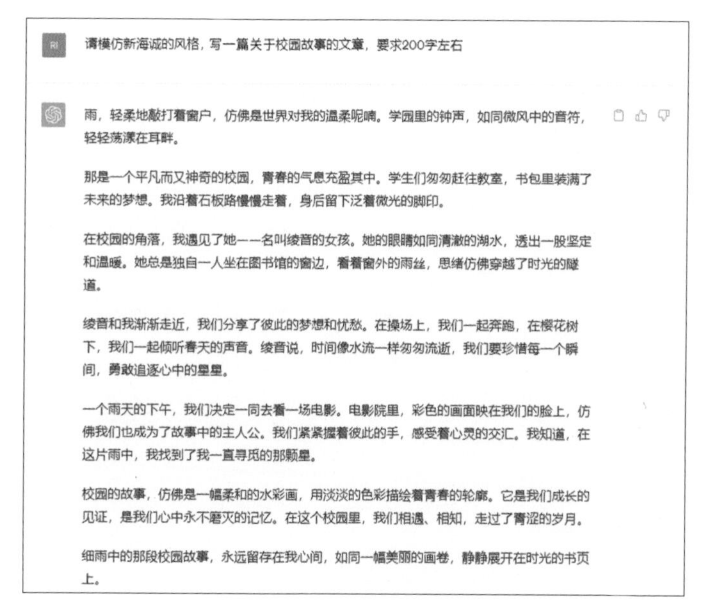

图 8-2　根据新海诚的风格生成的文章

步骤 03 用户可以从生成的文章中提取关键词，在ChatGPT中输入“请根据以上内容，提取出10个关键词”，ChatGPT的回答如图8-3所示。

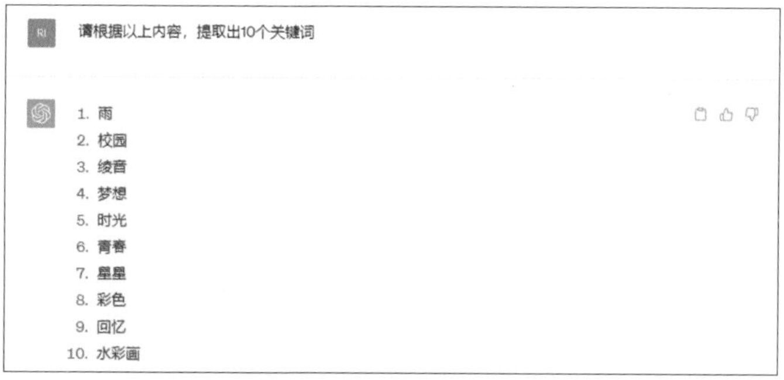

请根据以上内容，提取出10个关键词

1. 雨
2. 校园
3. 绫音
4. 梦想
5. 时光
6. 青春
7. 星星
8. 彩色
9. 回忆
10. 水彩画

图 8-3　提取出关键词

步骤 04 将这些关键词使用百度翻译转换成英文，如图8-4所示。

图 8-4　将中文关键词转换成英文

8.1.2 描述性文案

扫码看教学视频

描述性文案通常依赖于有吸引力和生动的语言，利用修辞手法、故事叙述和情感诱导等技巧，以引起读者的共鸣和情感共振。文案的结构应清晰简洁，以便读者能够快速获得所需信息。

描述性文案是一种用于传达事件特点和优势的文字形式。生成关键词文案后，我们还可以根据新海诚风格的文章生成描述性文案。下面以ChatGPT为例，介绍生成新海诚风格描述性文案的操作方法。

步骤01 在ChatGPT中输入“请列出5个新海诚漫画风格的题材”，ChatGPT的回答如图8-5所示。

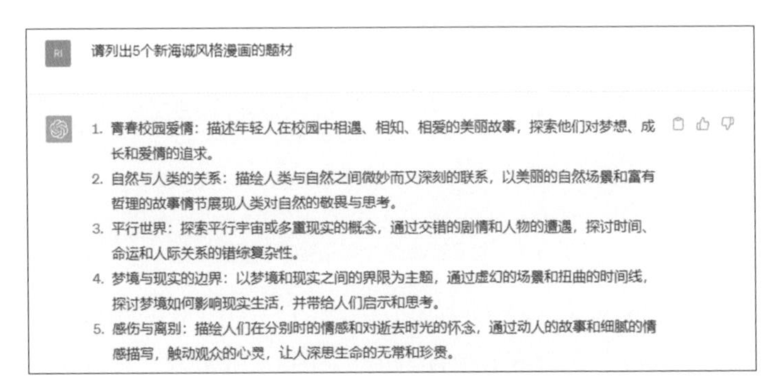

图 8-5 列出 5 个新海诚漫画风格的题材

步骤02 选择其中一个主题，用ChatGPT以关键词的形式描述一个50字的画面场景，ChatGPT的回答如图8-6所示。

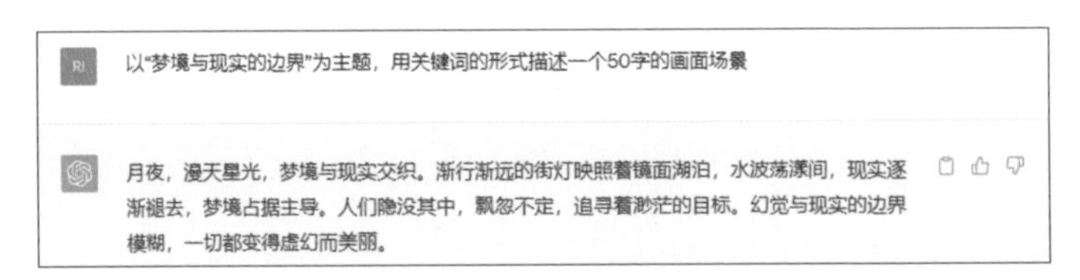

图 8-6 以关键词的形式描述画面场景

步骤03 将ChatGPT生成的关键词通过百度翻译转换为英文，如图8-7所示。

图 8-7 将中文关键词翻译为英文

8.1.3　复制并粘贴文案

扫码看教学视频

将ChatGPT生成的关键词转换为英文后，复制并粘贴到Midjourney当中，然后通过Midjourney生成图片，具体的操作方法如下。

步骤 01 在Midjourney下面的输入框内输入/，在弹出的列表中选择/imagine指令，如图8-8所示。

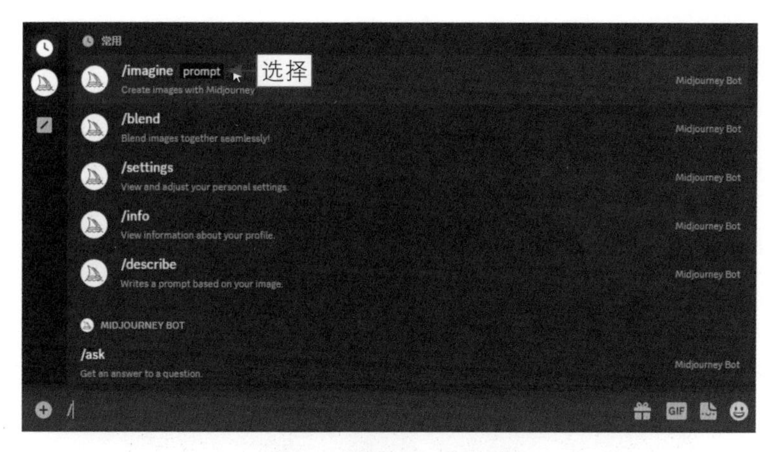

图 8-8　选择 /imagine 指令

步骤 02 将ChatGPT转换成英文的关键词进行复制，然后粘贴到/imagine指令的后面，如图8-9所示。

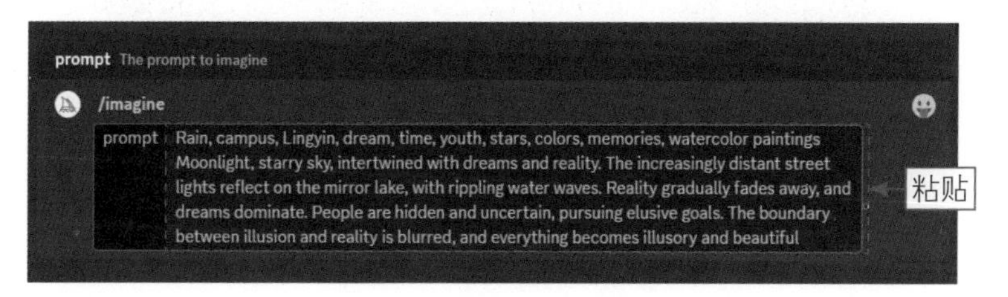

图 8-9　复制并粘贴关键词

8.1.4　等待生成漫画

扫码看教学视频

把ChatGPT转换成英文的关键词复制并粘贴到/imagine指令的后方，在其中我们可以加一些细节，例如添加改变画面尺寸的参数，即可生成更加生动的漫画，具体的操作方法如下。

步骤 01 在关键词的后方添加命令参数--ar 4:3，如图8-10所示，即可改变图片的尺寸。

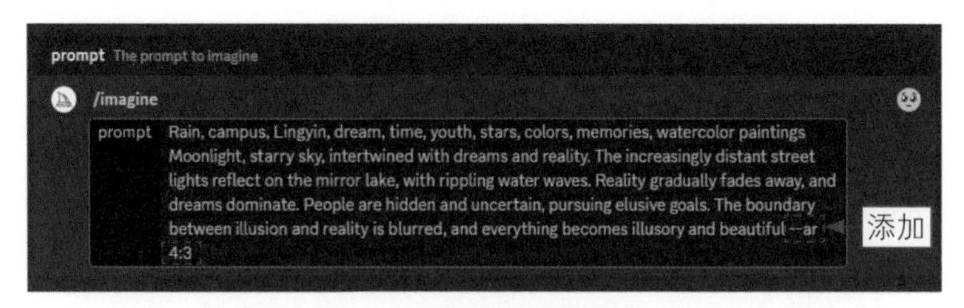

图 8-10 添加命令参数 --ar 4:3

步骤 02 按【Enter】键确认，即可生成新海诚风格的图片，如图8-11所示。

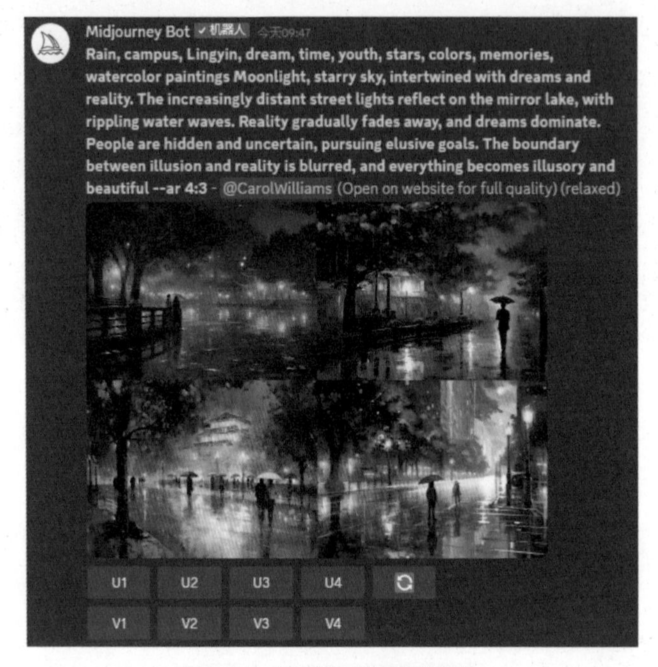

图 8-11 生成新海诚风格的图片

8.1.5 优化漫画

扫码看教学视频

生成图片后，用户可以在原有图片的基础上进行修改优化，让Midjourney更高效地出图，补齐必要的风格或特征等信息，以便生成的图片更符合我们的预期，具体的操作方法如下。

步骤 01 在上一节生成的4张图片当中，选择其中最合适的一张，这里选择第4张，单击U4按钮，如图8-12所示。

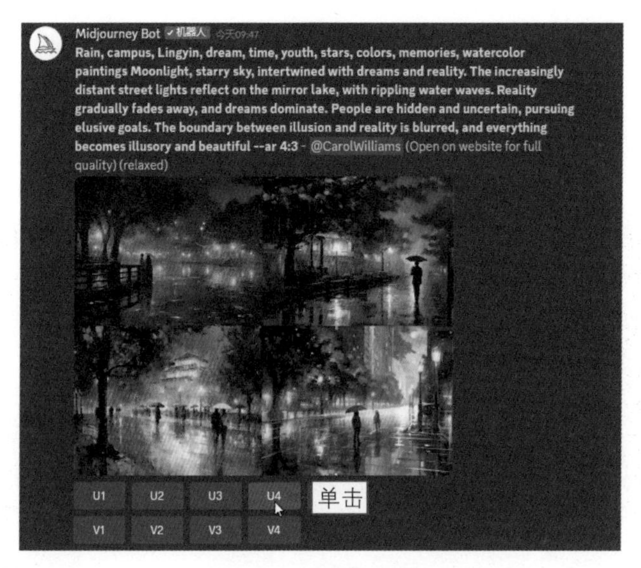

图 8-12　单击 U4 按钮

步骤 02 执行操作后，Midjourney将在第4张图片的基础上进行更加精细的刻画，并放大图片，效果如图8-13所示。

图 8-13　放大图片后的效果（1）

从画面中可以看到，男女角色的形象并不是很突出，这时候用户可以添加特定的关键词对图片进行修改优化，以便生成的图片更符合我们的预期。

步骤 03 如果用户对图片不够满意，可以继续优化图片。将图片用浏览器打开，如图8-14所示，然后复制浏览器中的链接地址。

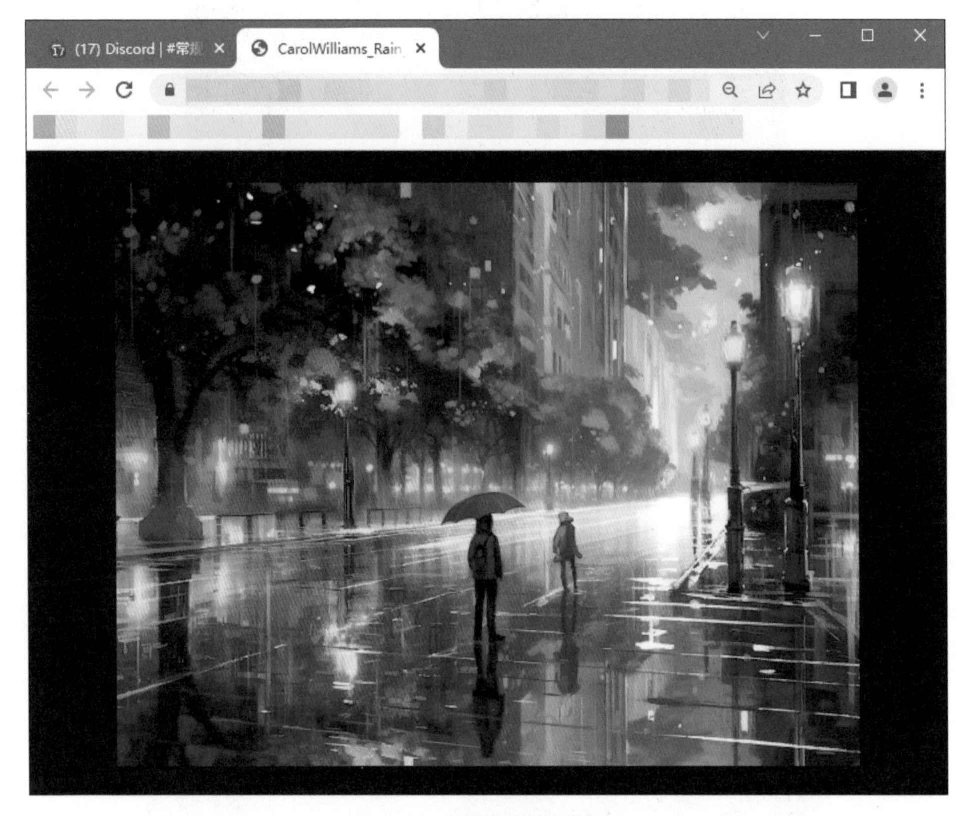

图 8-14　将图片用浏览器打开

步骤 04 将链接粘贴到/imagine指令后面，并输入关键词“Makoto Shinkai male and female（新海诚男人和女人）”，如图8-15所示，加强画面中男女角色的形象。

图 8-15　添加关键词 Makoto Shinkai male and female

步骤 05 执行操作后，按【Enter】键确认，即可根据关键词重新生成图片，如图8-16所示。

图 8-16　根据关键词重新生成图片

步骤 06 单击V1按钮，Midjourney将以第1张图片为模板，重新生成4张图片，如图8-17所示。

图 8-17　重新生成 4 张图片

步骤 07 单击U1按钮，Midjourney将在第1张图片的基础上进行更加精细的刻画，并放大图片，效果如图8-18所示。

图 8-18　放大图片后的效果（2）

8.2 根据剧情文案生成连续性漫画

用户可以使用AI生成的剧情文案绘制新海诚风格的连续性漫画。在开始AI绘画前，首先要构思整个故事的情节，根据故事的情节来绘制漫画场景和漫画人物。然后将二者相结合，使其更好地传达目的和吸引观众的注意力。本节将以ChatGPT和Midjourney为例，介绍生成新海诚风格连续性漫画的基本流程。

8.2.1 生成剧情式文案

新海诚的剧情常常围绕着青春、爱情、成长和人际关系展开，同时也融入了一些奇幻的元素。通过细腻的情感描写和精美的视觉效果，给观众带来不一样的体验。下面以ChatGPT为例，介绍生成新海诚风格剧情式文案的操作方法

扫码看教学视频

步骤 01 在ChatGPT中输入“请模仿新海诚的风格，写一段男女主相遇的剧情，要求100字左右”，ChatGPT的回答如图8-19所示。

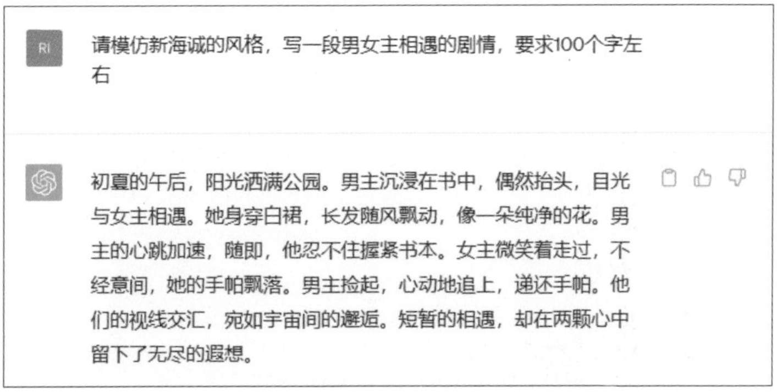

RI 请模仿新海诚的风格，写一段男女主相遇的剧情，要求100个字左右

初夏的午后，阳光洒满公园。男主沉浸在书中，偶然抬头，目光与女主相遇。她身穿白裙，长发随风飘动，像一朵纯净的花。男主的心跳加速，随即，他忍不住握紧书本。女主微笑着走过，不经意间，她的手帕飘落。男主捡起，心动地追上，递还手帕。他们的视线交汇，宛如宇宙间的邂逅。短暂的相遇，却在两颗心中留下了无尽的遐想。

图 8-19 用 ChatGPT 生成新海诚风格的剧情

步骤 02 在ChatGPT中输入“请根据上面的内容，接着写后面发生的剧情，要求100字左右”，ChatGPT的回答如图8-20所示。

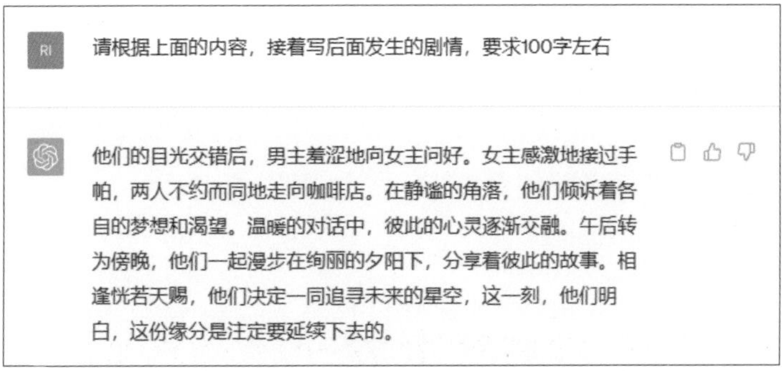

RI 请根据上面的内容，接着写后面发生的剧情，要求100字左右

他们的目光交错后，男主羞涩地向女主问好。女主感激地接过手帕，两人不约而同地走向咖啡店。在静谧的角落，他们倾诉着各自的梦想和渴望。温暖的对话中，彼此的心灵逐渐交融。午后转为傍晚，他们一起漫步在绚丽的夕阳下，分享着彼此的故事。相逢恍若天赐，他们决定一同追寻未来的星空，这一刻，他们明白，这份缘分是注定要延续下去的。

图 8-20 根据内容生成后续的内容

步骤 03 在ChatGPT中输入“请根据上面的内容，写一段男女主发生矛盾的剧情，要求100字左右”，ChatGPT的回答如图8-21所示。

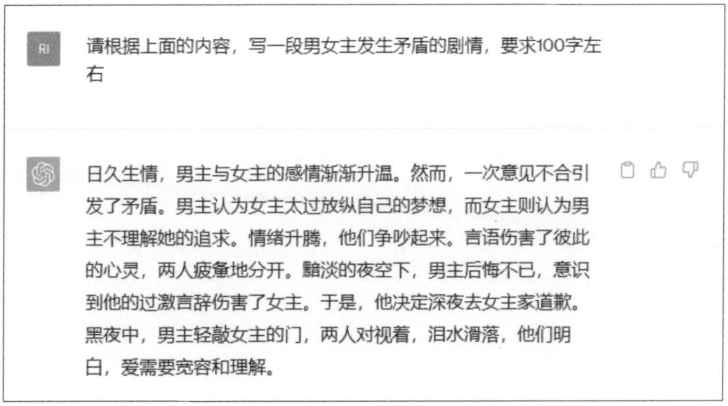

RI 请根据上面的内容，写一段男女主发生矛盾的剧情，要求100字左右

日久生情，男主与女主的感情渐渐升温。然而，一次意见不合引发了矛盾。男主认为女主太过放纵自己的梦想，而女主则认为男主不理解她的追求。情绪升腾，他们争吵起来。言语伤害了彼此的心灵，两人疲惫地分开。黯淡的夜空下，男主后悔不已，意识到他的过激言辞伤害了女主。于是，他决定深夜去女主家道歉。黑夜中，男主轻敲女主的门，两人对视着，泪水滑落，他们明白，爱需要宽容和理解。

图 8-21 生成男女主发生矛盾的剧情

步骤 04 在ChatGPT中输入“请根据上面的内容，写一段男女主分道扬镳的剧情，要求100字左右”，ChatGPT的回答如图8-22所示。

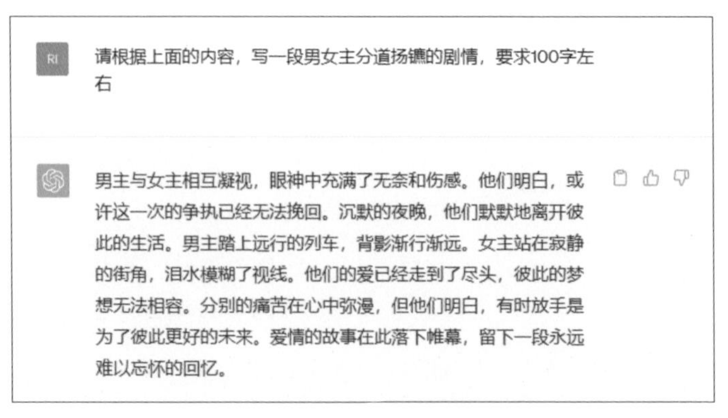

图 8-22　生成男女主分道扬镳的剧情

步骤 05 在ChatGPT中输入“请根据上面的内容，写一段男女主重归于好的剧情，要求100字左右”，ChatGPT的回答如图8-23所示。

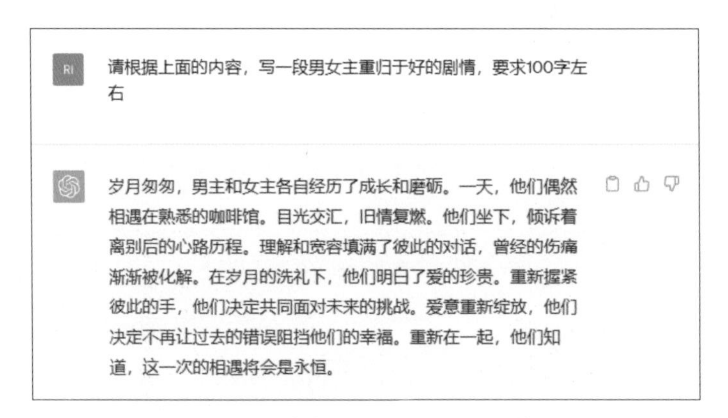

图 8-23　生成男女主重归于好的剧情

步骤 06 将ChatGPT的回答复制并粘贴到百度翻译当中，转换成英文，如图8-24所示。后面的回答也一并使用同样的方法转换成英文。

图 8-24　用百度翻译转换成英文

8.2.2　生成连续性漫画

扫码看教学视频

用户可以将使用AI生成的剧情文案绘制成新海诚风格的连续性漫画，根据故事的情节来绘制漫画场景和漫画人物，然后将二者相结合，使其更好地传达目的和吸引观众的注意力。下面介绍生成新海诚风格连续性漫画的操作方法

步骤 01 在/imagine指令的后面输入刚才转换成英文的关键词，如图8-25所示。

图 8-25　在指令的后面输入关键词

步骤 02 为了使生成的效果更加符合用户的需求，可以在后面添加关键词“Makoto Shinkai style（新海诚风格）”，如图8-26所示。

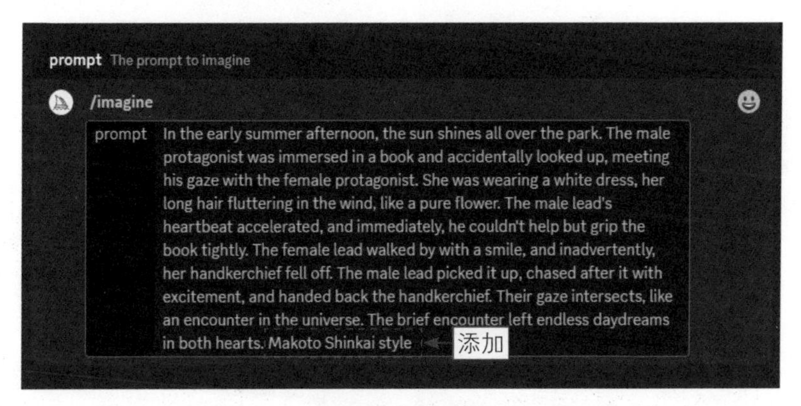

图 8-26　添加关键词

步骤 03 按【Enter】键确认，即可根据文案生成4张新海诚风格的漫画图片，如图8-27所示。

步骤 04 从生成的4张图片当中选择最合适的一张，单击U4按钮，即可放大图片，生成男女主相遇的剧情图片，如图8-28所示。

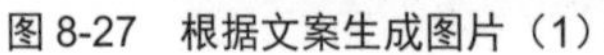

图 8-27　根据文案生成图片（1）

图 8-28　放大图片后的效果（1）

步骤 05 用与上面相同的方法，根据文案生成4张新海诚风格的漫画图片，如图8-29所示。

步骤 06 从生成的4张图片当中选择最合适的一张，单击U2按钮，即可放大图片，生成男女主约会的剧情图片，如图8-30所示。

图 8-29　根据文案生成图片（2）

图 8-30　放大图片后的效果（2）

步骤 07 继续跟进剧情，此时男女主发生矛盾，根据剧情文案生成4张漫画图片，如图8-31所示。

步骤 08 从生成的4张图片当中选择最合适的一张，单击U2按钮，即可放大图片，如图8-32所示。

图 8-31 根据文案生成图片（3）

图 8-32 放大图片后的效果（3）

步骤 09 因为种种原因，两人最终分道扬镳，根据剧情文案生成4张漫画图片，如图8-33所示。

步骤 10 从生成的4张图片当中选择最合适的一张，单击U4按钮，即可放大图片，效果如图8-34所示。

图 8-33 根据文案生成图片（4）

图 8-34 放大图片后的效果（4）

步骤 11 在机缘巧合之下，他们回到了第一次见面的地方，两人重归于好，根据文案生成4张漫画图片，如图8-35所示。

步骤 12 从生成的4张图片当中选择最合适的一张，单击U3按钮，即可放大图片，效果如图8-36所示。

图 8-35　根据文案生成图片（5）

图 8-36　放大图片后的效果（5）

本章小结

本章首先向读者介绍了使用 AI 生成新海诚风格文案和新海诚风格漫画的相关知识，然后帮助读者了解了将剧情文案生成连续性漫画的操作技巧。通过对本章的学习，读者能够对 ChatGPT 和 Midjourney 的使用更加熟练。

课后习题

鉴于本章知识的重要性，为了帮助读者更好地掌握所学知识，本节将通过课后习题，帮助读者进行简单的知识回顾和补充。

1. 使用 ChatGPT 和 Midjourney 生成一张漫画。
2. 尝试使用 Midjourney 将真实人物转化为二次元漫画形象。

第 9 章　插画风格，智能生成匠心独作

插画是一种以图画形式表现文字、故事、概念和情感的艺术形式。插画包括很多类型，例如故事插画、广告插画、时尚插画、漫画插画、艺术插画以及游戏插画等。本章将以 ChatGPT 和 Midjourney 为例，介绍生成游戏插画的方法。

9.1 生成游戏插画

插画是一种视觉艺术形式，通常是指为书籍、杂志、漫画、广告以及游戏等媒体创作的插图或图画。它与绘画和动画等形式有所区别，更强调在文字内容或故事情节中起到补充、说明或装饰作用。

游戏插画是指在游戏中使用的绘画作品，通常用于呈现游戏的场景、角色、物品以及特效等视觉元素。它可以采用不同的风格和技巧，如卡通风格、写实风格以及像素风格等，以适应不同类型和风格的游戏。游戏插画可以出现在游戏界面、剧情场景、封面、海报以及卡牌等各种媒介中，为玩家提供视觉上的享受和游戏体验。本节将介绍使用ChatGPT和Midjourney生成游戏插画的方法与技巧。

9.1.1 游戏的相关信息

在制作游戏插画之前，我们需要使用ChatGPT来快速得到游戏的相关信息。下面以ChatGPT为例，介绍生成游戏相关信息的操作方法。

扫码看教学视频

步骤 01 在ChatGPT中输入“请描述你所认知的游戏插画”，按【Enter】键，ChatGPT即可根据内容生成游戏插画的关键词文案，如图9-1所示。

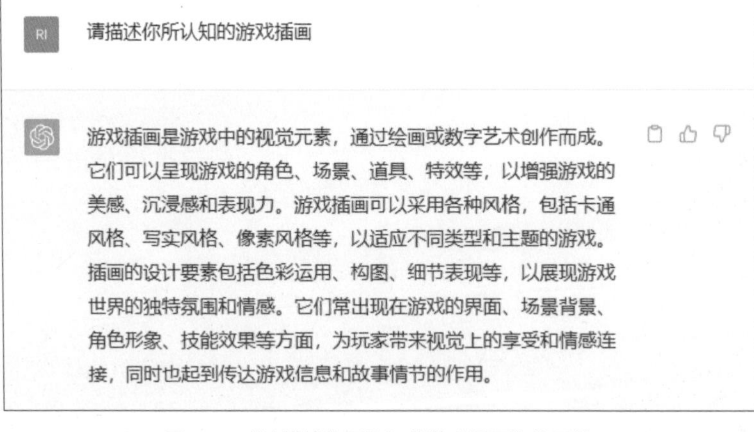

图 9-1 “请描述你所认知的游戏插画”的回答

★ 专家提醒 ★

游戏插画的设计需要综合考虑游戏的风格、主题、用户体验和技术限制，以创造出符合游戏需求的视觉呈现。

步骤 02 继续向ChatGPT提问，在ChatGPT中输入“优秀的游戏开发公司”。随后，ChatGPT列举了多个游戏开发公司，如图9-2所示。

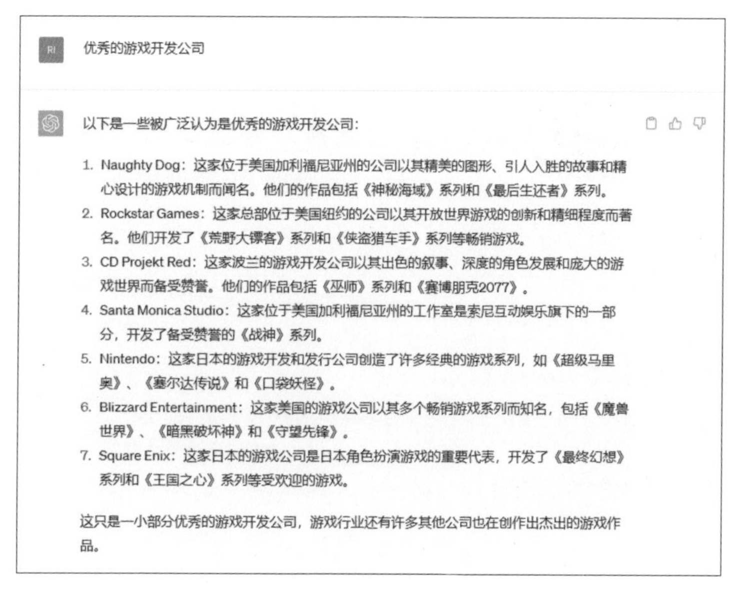

图 9-2　ChatGPT 列举多个游戏开发公司

★ 专 家 提 醒 ★

CD Projekt Red 以其高质量的游戏制作和对玩家的关注而受到玩家和评论家的赞赏。他们注重深度的叙事、精美的图形和丰富的角色发展，为玩家提供了独特而引人入胜的游戏体验。

步骤 03 这里以CD Projekt Red为例，让ChatGPT继续生成对应的文案。在下方输入“CD Projekt Red有哪些优秀的游戏作品”，ChatGPT的回答如图9-3所示。

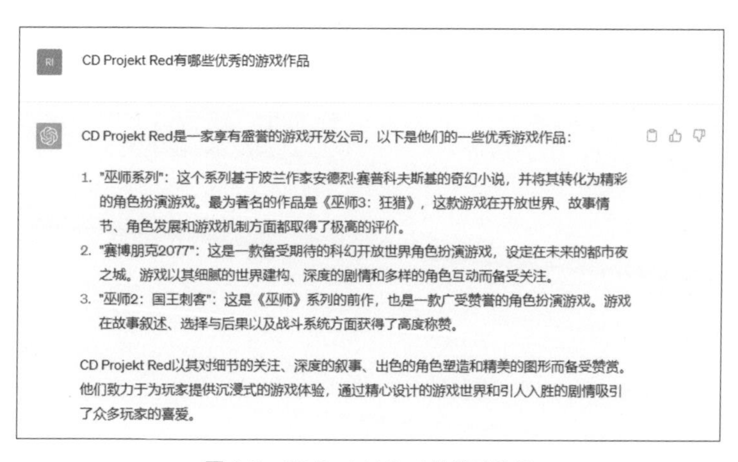

图 9-3　CD Projekt Red 的优秀作品

9.1.2 提取关键词

在了解到游戏插画的相关信息后，我们可以使用ChatGPT快速得到需要的游戏插画关键词文案，具体操作方法如下。

步骤 01 根据ChatGPT生成的内容，选择“赛博朋克”风格。在ChatGPT中输入“请根据赛博朋克风格，提取出9个赛博朋克游戏风格关键词出来”，ChatGPT的回答如图9-4所示。

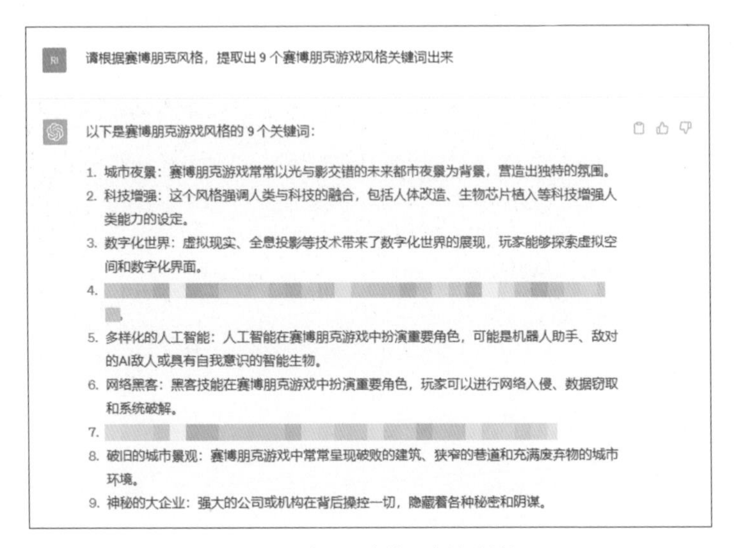

图 9-4　9 个关于赛博朋克的关键词

步骤 02 选取其中合适的关键词，将这些关键词使用百度翻译转换成英文，如图9-5所示。

图 9-5　将关键词转换成英文

★ 专家提醒 ★

赛博朋克（Cyberpunk）是一种文化和艺术风格，也是一个科幻亚文化的子流派。在游戏中，赛博朋克风格的作品通常以独特的城市景观、高科技设定和复杂的故事情节为特色，给玩家带来充满未来科技感和冒险刺激的体验。

9.1.3　复制并粘贴文案

扫码看教学视频

将生成的关键词转换为英文后，复制并粘贴到Midjourney当中，然后通过Midjourney生成赛博朋克风格的游戏插画，具体的操作方法如下。

步骤 01 在Midjourney下面的输入框内输入/，在弹出的列表中选择/imagine指令，如图9-6所示。

图 9-6　选择 /imagine 指令

步骤 02 将利用ChatGPT生成的关键词转换成英文进行复制，然后粘贴到/imagine指令的后面，如图9-7所示。

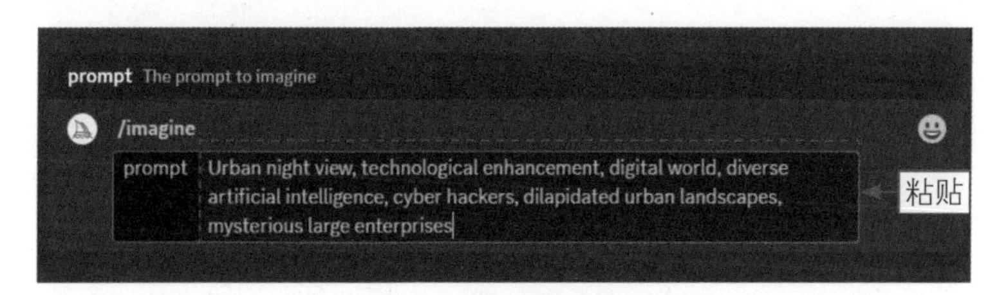

图 9-7　复制并粘贴关键词

9.1.4　更改画面尺寸

扫码看教学视频

把利用ChatGPT生成的关键词转换成英文复制并粘贴到/imagine指令的后面就可以生成插画了。在这之前，用户还可以使用相关命令参数来改变画面的尺寸，具体的操作方法如下。

步骤 01 在关键词的后方添加命令参数--ar 4:3，如图9-8所示，即可改变插画的尺寸。

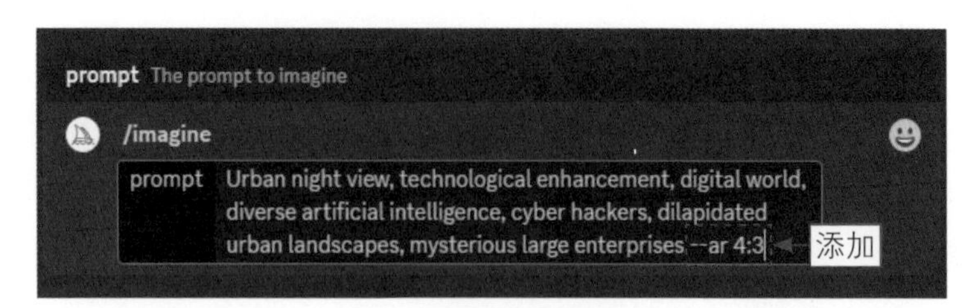

图 9-8 添加相应的参数

步骤 02 按【Enter】键确认，即可生成赛博朋克风格的插画，如图9-9所示。

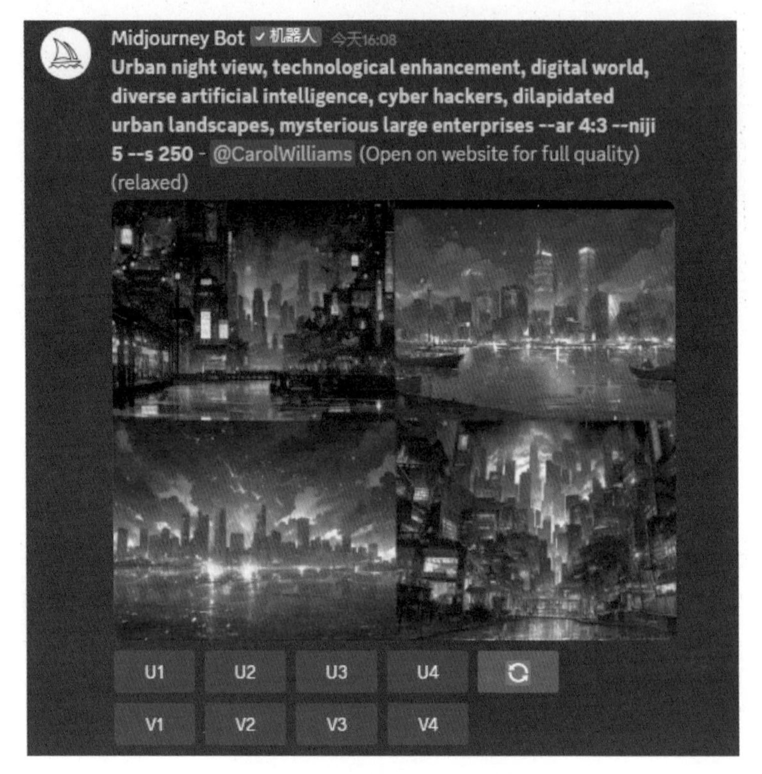

图 9-9 生成赛博朋克风格的插画

9.1.5 优化插画

扫码看教学视频

生成插画后，用户可以在原有插画的基础上进行修改优化，让Midjourney更高效地出图，补齐必要的风格或特征等信息，以便生成的图片更符合我们的预期，具体的操作方法如下。

步骤 01 在生成的4张图片当中，选择其中最合适的一张。这里选择第4张，单击U4按钮，如图9-10所示。

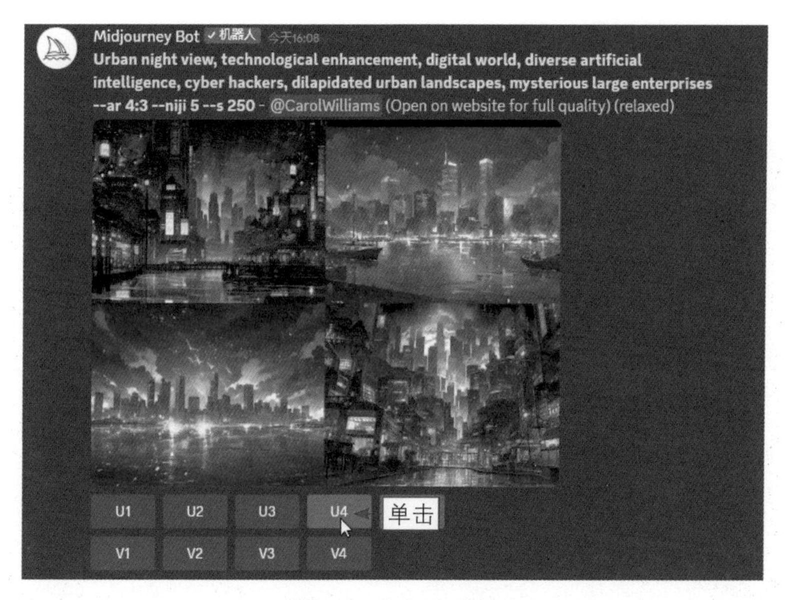

图 9-10　单击 U4 按钮

步骤 02 执行操作后，Midjourney将在第4张插画的基础上进行更加精细的刻画，并放大插画，如图9-11所示。

图 9-11　放大插画后的效果（1）

步骤 03 如果用户对插画不够满意，可以继续优化插画。将插画用浏览器打开，如图9-12所示，然后复制浏览器中的链接地址。

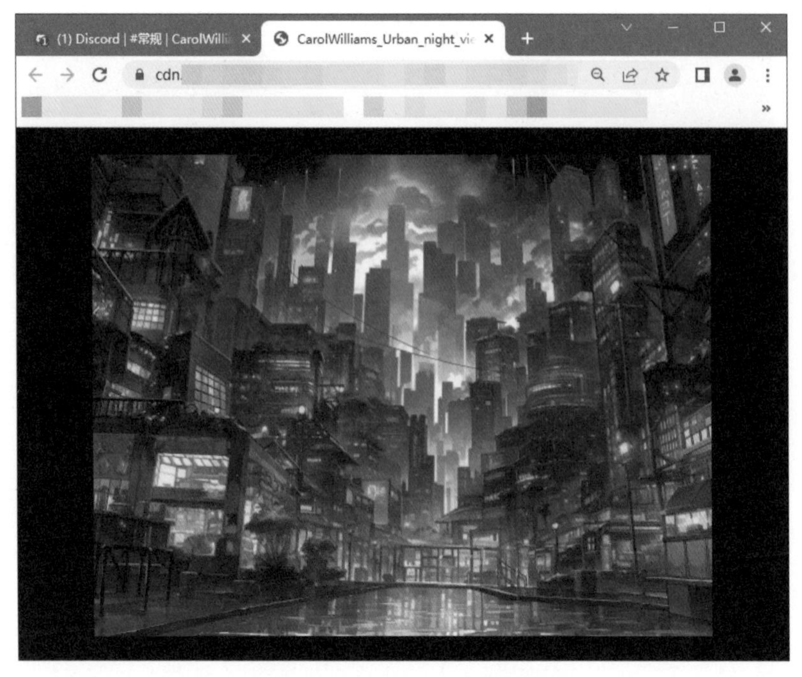

图 9-12　将插画用浏览器打开

步骤 04 将链接地址粘贴到/imagine指令后面，添加关键词“neon lamp cyberpunk（霓虹灯赛博朋克）--ar 4:3”，如图9-13所示。

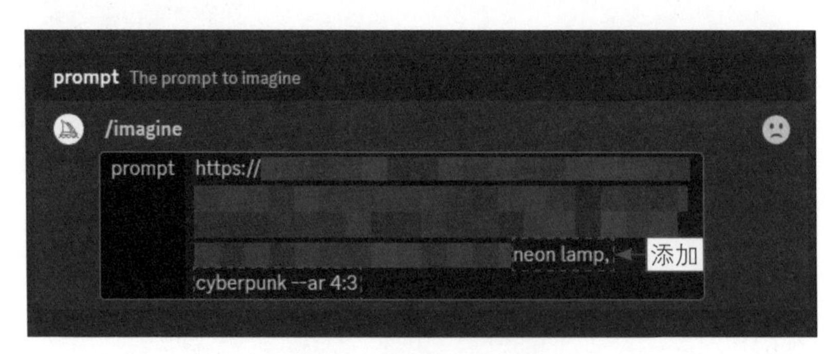

图 9-13　添加相应的关键词

★ 专 家 提 醒 ★

如果用户对生成的插画不满意，可以添加特定的关键词对插画进行修改优化，以便更符合用户的预期。

步骤 05 执行操作后，按【Enter】键确认，即可根据关键词重新生成插画，如图9-14所示。

图 9-14　根据关键词重新生成插画

步骤 06 单击V1按钮，Midjourney将以第1张插画为模板，重新生成4张插画，如图9-15所示。

图 9-15　重新生成 4 张插画

步骤 07 单击U4按钮，Midjourney将在第4张插画的基础上进行更加精细的刻画，并放大插画，效果如图9-16所示。

图 9-16　放大插画后的效果（2）

9.2 生成其他类型的插画

在了解了使用ChatGPT和Midjourney生成游戏插画的方法后，用户可以尝试使用该方法生成其他类型的插画。不同的插画可以采用不同的图形风格，如写实、卡通和像素艺术等。本节将沿用上一节的方法，使用ChatGPT和Midjourney生成其他类型的插画。

9.2.1 儿童类人物插画

扫码看教学视频

儿童类人物插画是专门为儿童读者设计的绘画作品。具有明确的表情和姿态，以吸引和引发儿童的兴趣。儿童类人物插画常常运用鲜艳的色彩和简洁的线条，以突出其生动活泼的特点。用户可以使用ChatGPT得到关键词，具体操作方法如下。

步骤 01 在ChatGPT中输入关键词“请根据‘儿童类人物插画’提取10个关键词

出来”，ChatGPT的回答如图9-17所示。

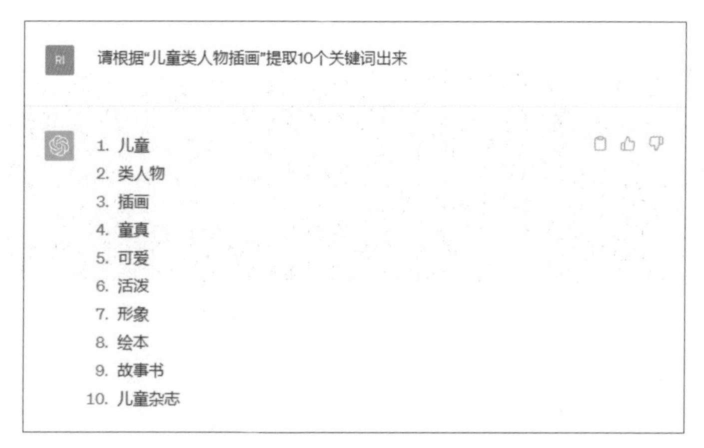

图 9-17　关于儿童类人物插画的关键词

步骤 02 将这些关键词进行复制，然后粘贴到百度翻译转换成英文，转换的关键词如图9-18所示。

图 9-18　将关键词转换成英文

步骤 03 在Midjourney下面的输入框内输入/，在弹出的列表中选择/imagine指令，如图9-19所示。

图 9-19　选择 /imagine 指令

步骤 04 将利用ChatGPT生成的关键词转换成英文进行复制，然后粘贴到/imagine指令的后面，如图9-20所示。

图 9-20　复制并粘贴关键词

步骤 05 在关键词的后方添加命令参数--ar 4:3，如图9-21所示，即可改变图片的尺寸大小。

图 9-21　添加相应的命令参数

步骤 06 按【Enter】键确认，即可生成儿童类人物插画，如图9-22所示。

图 9-22　生成儿童类人物插画

步骤 07 在生成的4张图片当中，选择其中最合适的一张。这里选择第4张，单击U4按钮，如图9-23所示。

图 9-23　单击 U4 按钮

步骤 08 执行操作后，Midjourney将在第4张插画的基础上进行更加精细的刻画，并放大插画，效果如图9-24所示。

图 9-24　放大插画后的效果（1）

步骤 09 用户可以继续优化插画。将插画用浏览器打开，如图9-25所示，然后复制浏览器中的链接地址。

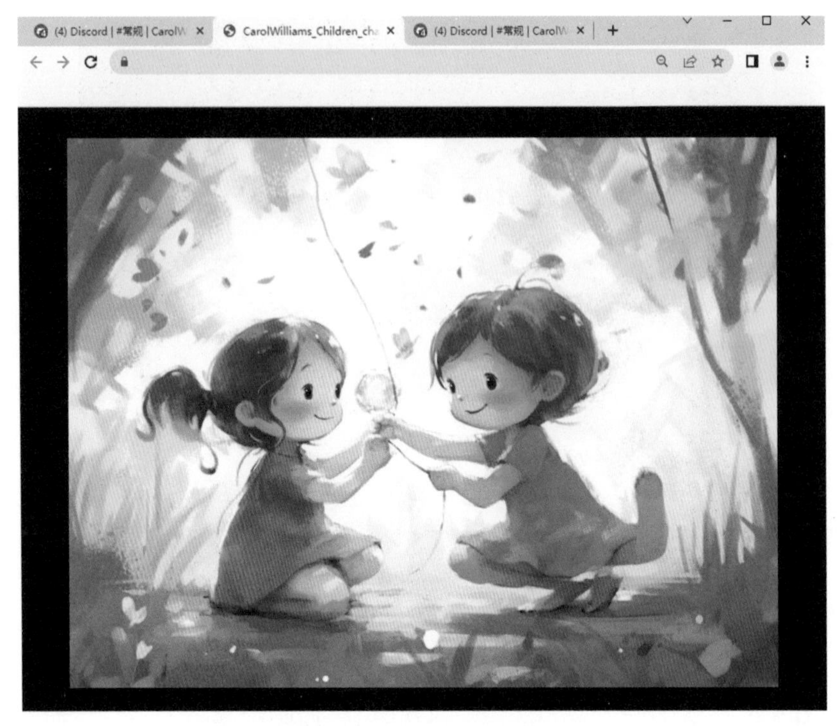

图 9-25　将插画用浏览器打开

步骤 10 将链接地址粘贴到/imagine指令的后面，输入关键词“Minecraft pixel style（像素风格） --ar 4:3”，如图9-26所示。

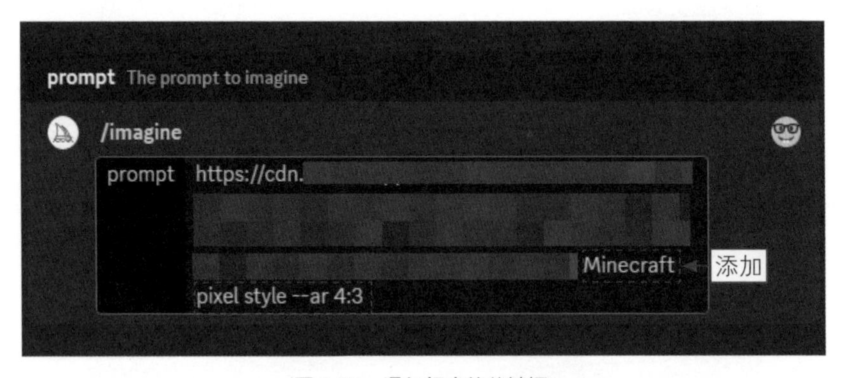

图 9-26　添加相应的关键词

步骤 11 执行操作后，按【Enter】键确认，即可根据关键词重新生成插画，如图9-27所示。

图 9-27　根据关键词重新生成插画

步骤 12 单击V1按钮，Midjourney将以第1张插画为模板，重新生成4张插画，如图9-28所示。

图 9-28　重新生成 4 张插画

步骤 13 单击U4按钮，Midjourney将在第4张插画的基础上进行更加精细的刻画，并放大插画，效果如图9-29所示。

图 9-29　放大插画后的效果（2）

9.2.2　动物类插画

扫码看教学视频

动物类插画是指以动物为主题的绘画作品，通过绘制动物形象来表达创作者的想法。这类插画通常以各种动物为主角，包括野生动物、宠物、海洋生物等。用户可以使用ChatGPT得到关键词，具体操作方法如下。

步骤 01 在ChatGPT中输入关键词“请根据‘动物类插画’提取10个关键词出来”，ChatGPT的回答如图9-30所示。

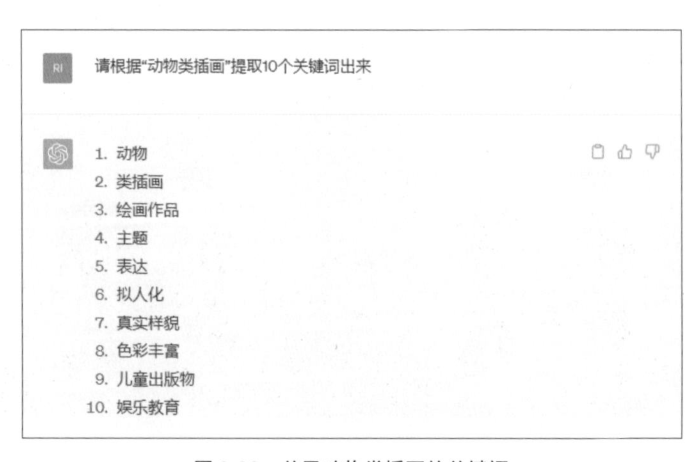

图 9-30　关于动物类插画的关键词

步骤 02 将这些关键词进行复制，然后粘贴到百度翻译转换成英文，转换的关键词如图9-31所示。

图 9-31　将关键词转换成英文

步骤 03 在Midjourney下面的输入框内输入/，在弹出的列表中选择/imagine指令，如图9-32所示。

图 9-32　选择 /imagine 指令

步骤 04 将利用ChatGPT生成的关键词转换成英文进行复制，然后粘贴到/imagine指令的后面，如图9-33所示。

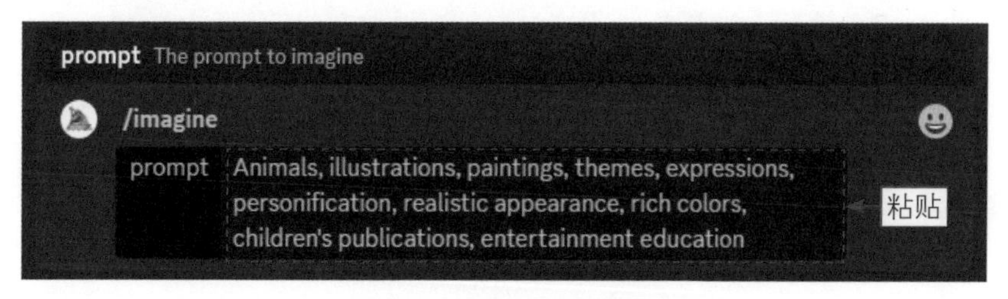

图 9-33　复制并粘贴关键词

步骤 05 在关键词的后面添加命令参数--ar 4∶3，如图9-34所示，即可改变插画的尺寸大小。

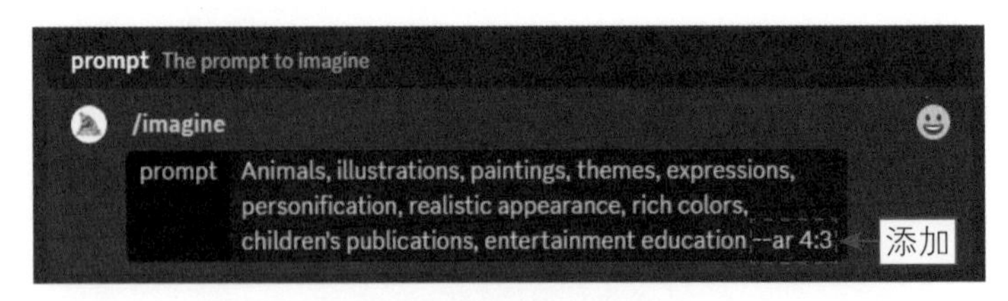

图 9-34 添加相应的命令参数

步骤06 按【Enter】键确认，即可生成动物类插画，如图9-35所示。

图 9-35 生成动物类插画

步骤07 在生成的4张图片当中，选择其中最合适的一张。这里选择第1张，单击U1按钮，如图9-36所示。

图 9-36 单击 U1 按钮

步骤08 执行操作后，Midjourney将在第1张插画的基础上进行更加精细的刻画，并放大插画，效果如图9-37所示。

图 9-37　放大插画后的效果（1）

步骤 09 如果用户对插画不够满意，可以继续优化插画。将插画用浏览器打开，如图9-38所示，然后复制浏览器的链接地址。

图 9-38　将插画用浏览器打开

步骤 10 将链接地址粘贴到/imagine指令后面，输入关键词“animal party（动物派对）--ar 3：4”，如图9-39所示。

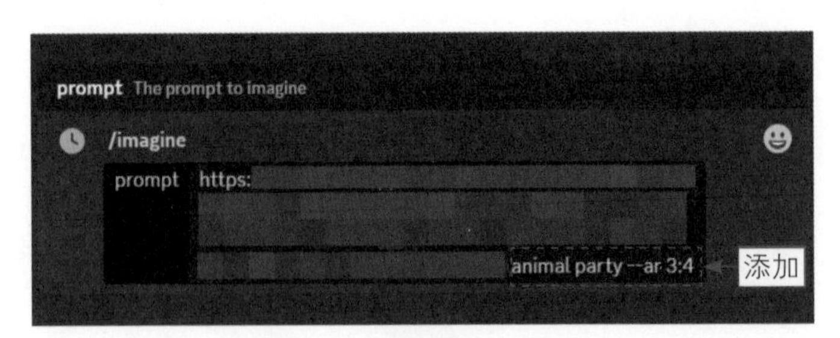

图 9-39 添加相应的关键词

步骤 11 执行操作后，按【Enter】键确认，即可根据关键词重新生成插画，如图9-40所示。

图 9-40 根据关键词重新生成插画

步骤 12 单击U2按钮，Midjourney将在第2张插画的基础上进行更加精细的刻画，并放大插画，效果如图9-41所示。

图 9-41　放大插画后的效果（2）

本章小结

本章主要向读者介绍了使用 ChatGPT 和 Midjourney 生成插画的相关知识，帮助读者了解了利用 ChatGPT 生成插画文案和利用 Midjourney 生成插画等操作技巧。通过对本章的学习，读者能够更好地掌握使用 ChatGPT 和 Midjourney 生成插画的操作方法。

课后习题

鉴于本章知识的重要性，为了帮助读者更好地掌握所学知识，本节将通过课后习题，帮助读者进行简单的知识回顾和补充。

1. 使用 ChatGPT 和 Midjourney 生成一张游戏插画。
2. 使用 ChatGPT 和 Midjourney 生成一张风景插画。

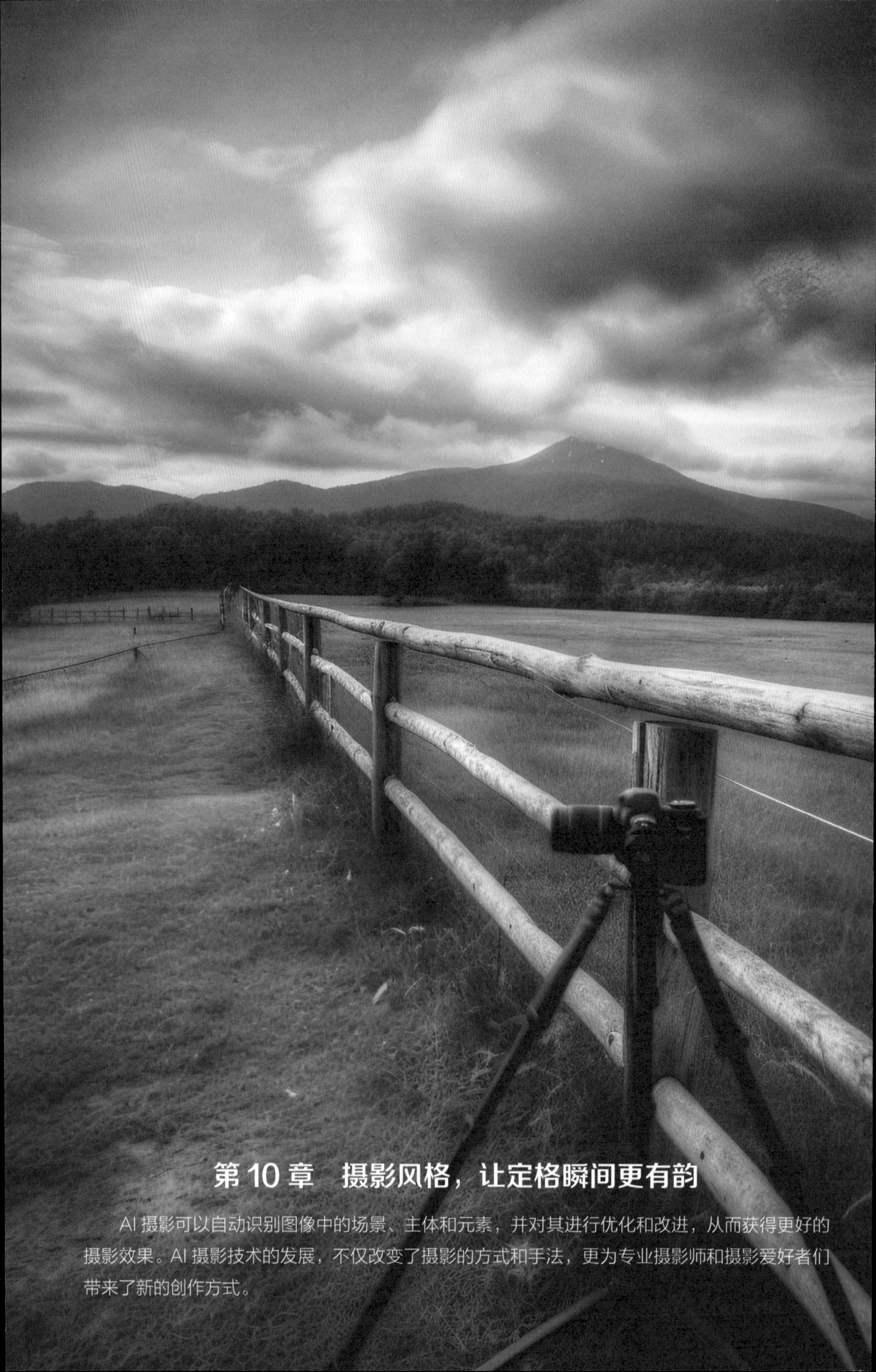

第 10 章　摄影风格，让定格瞬间更有韵

AI 摄影可以自动识别图像中的场景、主体和元素，并对其进行优化和改进，从而获得更好的摄影效果。AI 摄影技术的发展，不仅改变了摄影的方式和手法，更为专业摄影师和摄影爱好者们带来了新的创作方式。

10.1 生成AI摄影文案

随着人工智能技术的不断发展，AI摄影已经成为当今摄影界的热门话题。利用AI技术生成的摄影作品更加细腻、生动和自然，同时也提高了摄影师的创作效率和成果的精美度。本节将介绍如何生成AI摄影文案的相关信息。

10.1.1　生成摄影的相关信息

扫码看教学视频

在制作AI摄影图片之前，我们需要使用ChatGPT来快速得到AI摄影的相关信息。下面以ChatGPT为例，介绍生成AI摄影相关信息的操作方法。

步骤 01 在ChatGPT中输入“什么是AI摄影”，按【Enter】键，ChatGPT的回答如图10-1所示。

什么是AI摄影

AI摄影是指利用人工智能（Artificial Intelligence，简称AI）技术在摄影领域进行图像处理、分析和增强的方法。通过深度学习和计算机视觉等技术，AI摄影可以自动识别图像中的场景、主体和元素，并对其进行优化和改进，以获得更好的摄影效果。

AI摄影可以应用于多个方面，包括图像增强、智能拍摄辅助、自动图像分类和标签、自动剪辑和编辑等。例如，通过AI摄影技术，可以自动调整图像的亮度、对比度和色彩平衡，使其看起来更加生动和吸引人。AI摄影还可以帮助摄影师选择最佳的拍摄角度和设置，提供实时的建议和反馈，使他们能够更好地捕捉到所需的场景和细节。

此外，AI摄影还可以通过识别图像中的物体和场景，自动分类和标签化大量的照片，使其更易于组织和检索。在摄影后期处理方面，AI摄影可以自动剪辑和编辑照片，提供一键美化、人像磨皮、背景虚化等功能，帮助用户快速完成照片的修饰和分享。

总之，AI摄影利用人工智能技术提供了许多自动化和智能化的功能，使摄影变得更加便捷、高效和富有创意。

图 10-1　“什么是 AI 摄影”的回答

步骤 02 继续向ChatGPT提问，在ChatGPT中输入“有哪些摄影风格”。随后，ChatGPT列举了多个摄影风格，如图10-2所示。

有哪些摄影风格

摄影是一门充满创意和个人风格的艺术形式，有许多不同的摄影风格。以下是一些常见的摄影风格：

1. 纪实摄影：以记录真实场景和事件为目的的摄影，力求真实、客观地呈现事物，通常不进行太多后期处理。
2. 风光摄影：专注于自然风景和景观的摄影，追求美丽的自然场景、大自然的奇观和壮丽的景色。
3. 人像摄影：以人物为主题的摄影，注重表达人物的情感、个性和特点，可以是商业人像、

图 10-2

肖像、时尚人像等。

4. 建筑摄影：以建筑物、城市景观和室内空间为主题的摄影，追求捕捉建筑的结构、光影和氛围。
5. 街头摄影：在街头、公共场所拍摄日常生活和街头场景，关注人与环境的互动、瞬间和情感。
6. 抽象摄影：通过创造性的构图、光影和细节，将主题转化为艺术性的形式和符号，强调摄影的形式美。
7. 实验摄影：通过特殊的技术手法、后期处理或摄影装置来创造出独特的视觉效果和艺术表达。
8. 黑白摄影：通过去除彩色元素，将照片转化为黑白形式，强调光影、纹理和构图等元素，营造出经典和艺术的感觉。
9. 高动态范围摄影（HDR）：通过在不同曝光条件下拍摄同一场景，并在后期处理中合并，以展现更广泛的亮度范围和细节。

10.微距摄影：专注于拍摄极小的主题或细节，揭示微观世界的美和奇妙。

这只是一些常见的摄影风格，实际上还有许多其他独特的风格和个人创作方式。摄影师可以根据自己的兴趣和创作风格选择适合自己的摄影风格。

图 10-2　ChatGPT 列举了多个摄影风格

10.1.2　提取关键词

在了解了AI摄影的相关信息后，我们可以使用ChatGPT快速得到需要的AI摄影关键词文案，具体操作方法如下。

扫码看教学视频

步骤 01 以“风光摄影”为例，让ChatGPT继续生成对应的文案。在下方输入“请根据‘风光摄影’生成10个关键词”，ChatGPT的回答如图10-3所示。

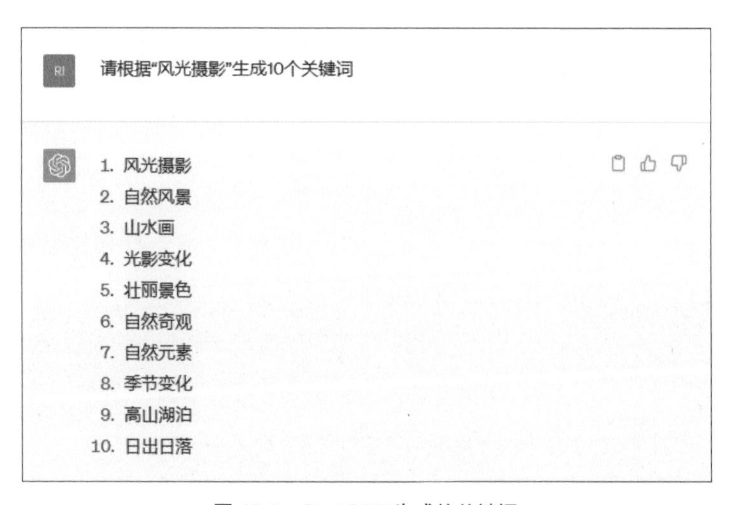

图 10-3　ChatGPT 生成的关键词

步骤 02 选取其中合适的关键词，将这些关键词使用百度翻译转换成英文，如图10-4所示。

图 10-4　将关键词转换成英文

10.1.3　复制并粘贴文案

扫码看教学视频

将生成的关键词转换为英文后，复制并粘贴到Midjourney当中，然后就可以通过Midjourney生成风光摄影图片，具体的操作方法如下。

步骤 01 在Midjourney下面的输入框内输入/，在弹出的列表中选择/imagine指令，如图10-5所示。

图 10-5　选择 /imagine 指令

步骤 02 将关键词复制并粘贴到指令的后面，如图10-6所示。为了模拟出真实的风光摄影效果，在关键词中加入了nikon D850，这是尼康的一款单反相机型号。

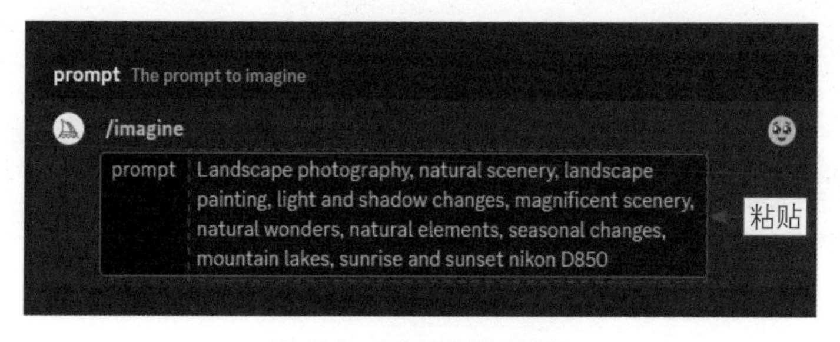

图 10-6　复制并粘贴关键词

10.1.4 等待生成图片

把利用ChatGPT生成的关键词转换成英文后，复制并粘贴到/imagine指令的后面，然后使用命令参数来改变画面的尺寸，即可生成风光摄影图片，具体的操作方法如下。

步骤 01 在关键词的后面添加命令参数--ar 202:135，如图10-7所示，即可改变图片的尺寸。

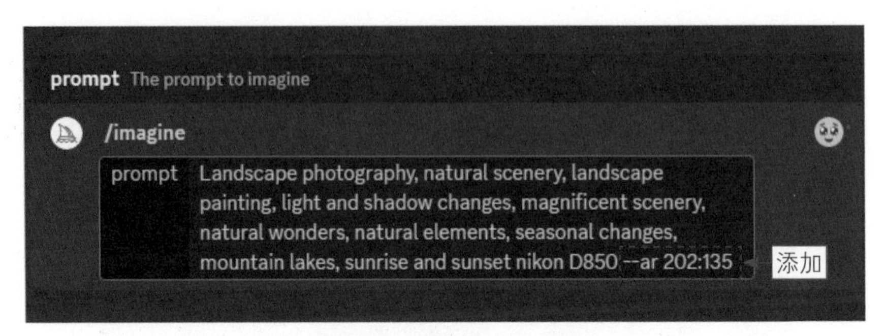

图 10-7 添加相应的命令参数

步骤 02 按【Enter】键确认，即可生成风光摄影图片，如图10-8所示。

图 10-8 生成风光摄影图片

步骤 03 在生成的4张图片当中，选择其中最合适的一张。这里选择第2张，单击U2按钮，如图10-9所示。

图 10-9　单击 U2 按钮

步骤 04 执行操作后，Midjourney将在第2张图片的基础上进行更加精细的刻画，并放大图片，效果如图10-10所示。

图 10-10　放大图片后的效果

10.2 生成人像摄影图片

人像摄影是一种专注于拍摄人物形象的摄影形式。它主要以人物为主题，通过构图、光线和姿态引导等手法，突出人物的特点和美感。人像摄影广泛应用于艺术创作、商业广告和个人纪念等领域。

人像摄影可以帮助用户更好地理解和感受人物的内在世界。本节以ChatGPT和Midjourney为例，介绍生成人像摄影作品的操作方法。

10.2.1 复制并粘贴文案

扫码看教学视频

人像摄影具有无限的创意和表达空间。首先使用ChatGPT快速得到人像摄影的关键词文案，然后复制并粘贴到Midjourney当中，具体操作方法如下。

步骤 01 在ChatGPT中输入“请根据‘人像摄影’生成10个关键词”，ChatGPT的回答如图10-11所示。

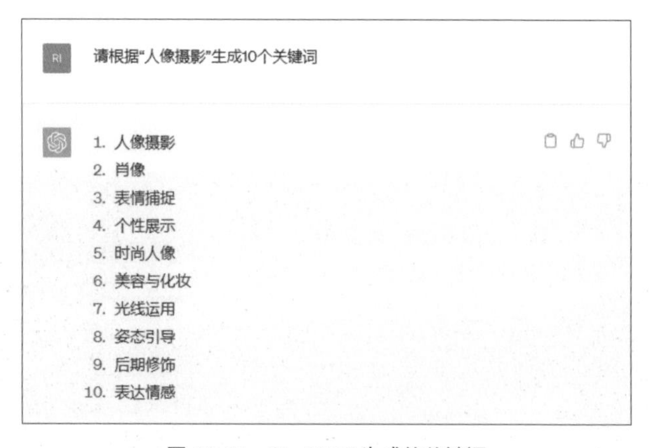

图 10-11 ChatGPT 生成的关键词

步骤 02 选取其中合适的关键词，将这些关键词使用百度翻译转换成英文，如图10-12所示。

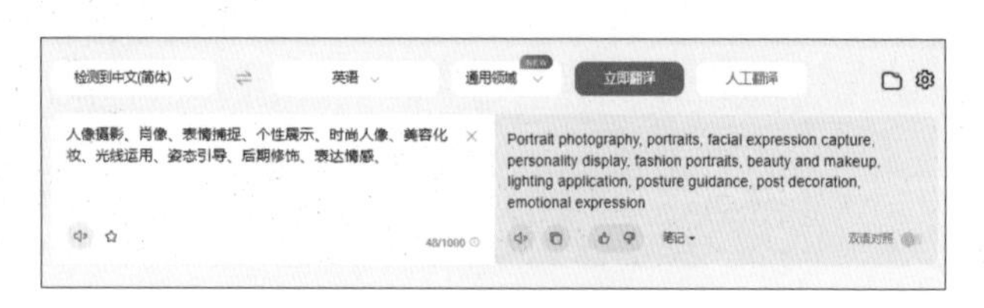

图 10-12 将关键词转换成英文

步骤 03 在Midjourney下面的输入框内输入/，在弹出的列表中选择/imagine指令，如图10-13所示。

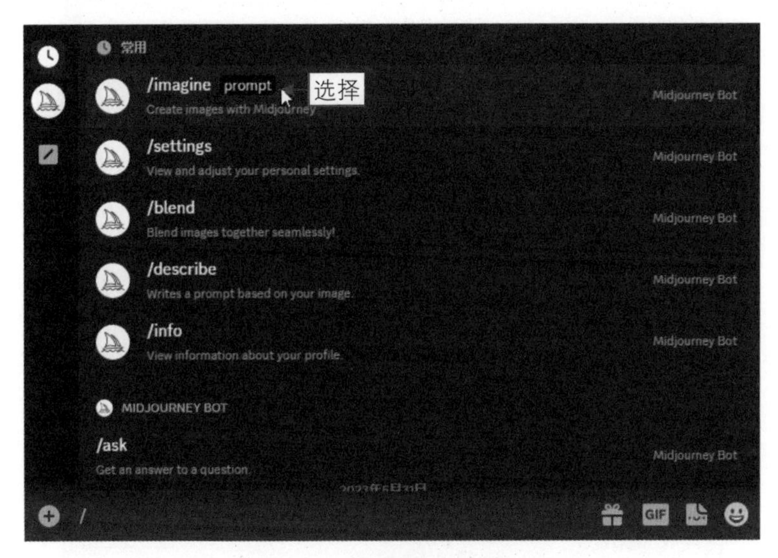

图 10-13　选择 /imagine 指令

步骤 04 将关键词复制并粘贴到/imagine指令的后面，如图10-14所示。为了更好地展示出人物的全身效果，可以在关键词中加入“full body（全身）”，并将它放到靠前的位置。

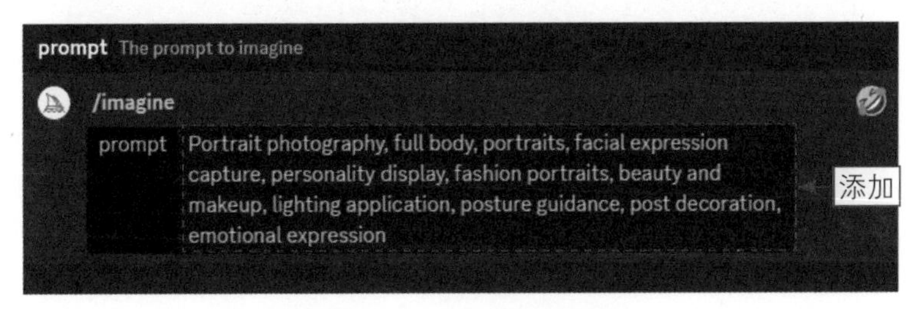

图 10-14　复制并粘贴关键词

10.2.2　等待生成图片

扫码看教学视频

把利用ChatGPT生成的关键词转换成英文，然后将其复制并粘贴到/imagine指令的后面，使用命令参数来优化图片，即可生成更加精细的人像摄影图片，具体的操作方法如下。

步骤 01 在关键词的后面添加命令参数--q 2，如图10-15所示，可以使画面更加精细。

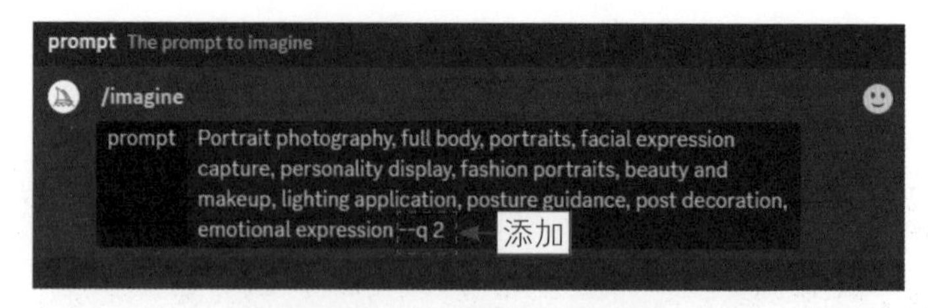

图 10-15　添加相应的命令参数

步骤02 按【Enter】键确认，即可生成人像摄影图片，如图10-16所示。

图 10-16　生成人像摄影图片

步骤03 如果要展现人物的近景，可以将关键词full body替换为“upper body close-up（上身特写）”，如图10-17所示。

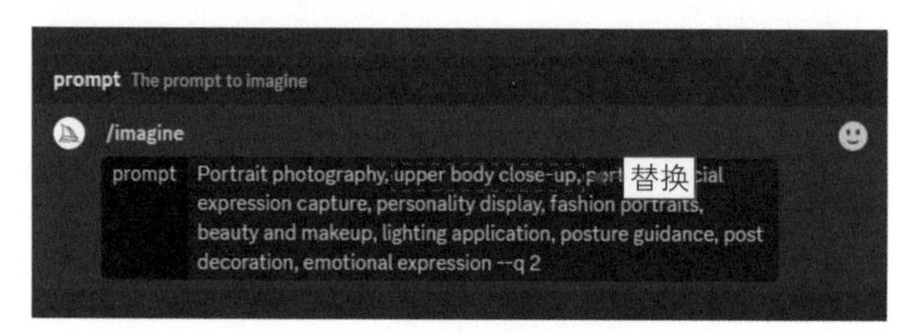

图 10-17　替换相应的关键词

步骤 04 按【Enter】键确认，即可生成相应的人像摄影作品，如图10-18所示。

图 10-18　生成相应的人像特写摄影作品

步骤 05 在生成的4张图片当中，选择其中最合适的一张。这里选择第4张，单击U4按钮，如图10-19所示。

图 10-19　单击 U4 按钮

步骤 06 执行操作后，Midjourney将在第4张图片的基础上进行更加精细的刻画，并放大图片，效果如图10-20所示。

图 10-20　放大图片后的效果

10.3 生成建筑摄影图片

建筑摄影是一种专注于拍摄建筑物、城市景观和室内空间的摄影形式。它可以展现建筑物的美学和功能，通过摄影师的视角和技巧，将建筑物的设计、材料和色彩呈现出来。

在建筑摄影中，摄影师通常会使用广角镜头来拍摄宽广的建筑场景，同时也可以使用长焦镜头来突出细节和构图元素。本节以ChatGPT和Midjourney为例，介绍生成建筑摄影作品的操作方法。

10.3.1 复制并粘贴文案

扫码看教学视频

建筑摄影旨在捕捉建筑物的独特性和艺术价值。首先使用ChatGPT快速得到建筑摄影的关键词文案，然后复制并粘贴到Midjourney当中，具体操作方法如下。

步骤 01 在ChatGPT中输入“请根据‘建筑摄影’生成10个关键词”，ChatGPT的回答如图10-21所示。

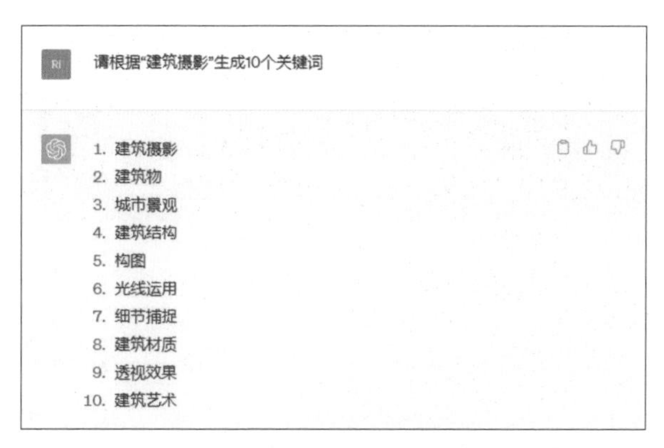

图 10-21　ChatGPT 生成的关键词

步骤 02 选取其中合适的关键词，将这些关键词使用百度翻译转换成英文，如图10-22所示。

图 10-22　将关键词转换成英文

步骤 03 在Midjourney下面的输入框内输入/，在弹出的列表中选择/imagine指令，如图10-23所示。

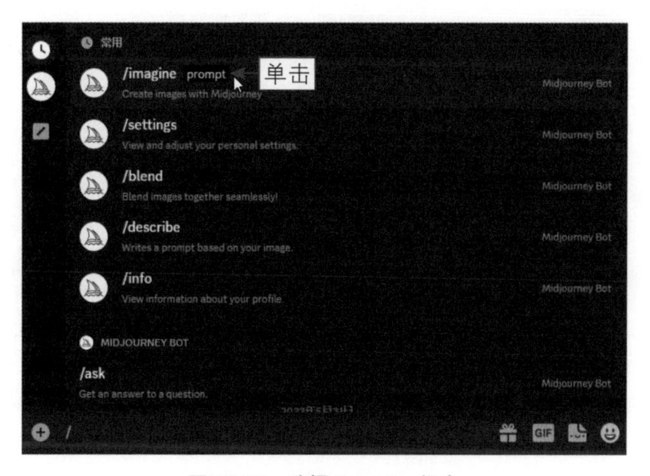

图 10-23　选择 /imagine 指令

步骤 04 将关键词复制并粘贴到/imagine指令的后面，如图10-24所示。为了更好地展示建筑摄影的效果，在关键词的后方添加了参数--ar 442:295。

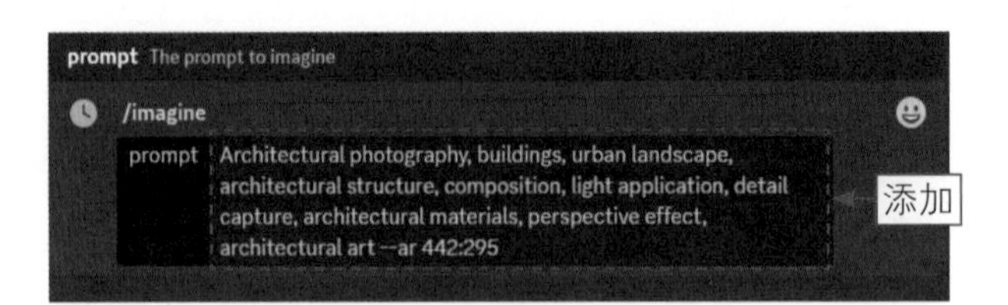

图 10-24 复制并粘贴关键词

10.3.2 等待生成图片

把利用ChatGPT生成的关键词转换成英文后，将其复制并粘贴到/imagine指令的后面，然后添加关键词模仿其他摄影师的风格，即可生成该摄影师风格的建筑摄影图片，具体的操作方法如下。

步骤 01 在关键词中加入“sebastian weiss（塞巴斯蒂安·魏斯）”，如图10-25所示，可以模仿该著名建筑摄影师的风格。

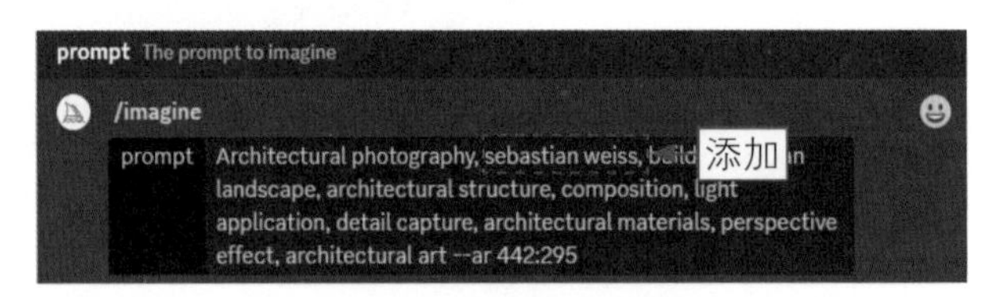

图 10-25 添加相应的关键词

步骤 02 按【Enter】键确认，即可生成相应的建筑摄影作品，如图10-26所示。

图 10-26 生成相应的建筑摄影作品

步骤 03 在生成的4张图片当中，选择其中最合适的一张。这里选择第4张，单击U4按钮，如图10-27所示。

图 10-27　单击 U4 按钮

步骤 04 执行操作后，Midjourney将在第4张图片的基础上进行更加精细的刻画，并放大图片，效果如图10-28所示。

图 10-28　放大图片后的效果

10.4 生成黑白摄影图片

黑白摄影是一种使用黑白色调来表现图像的摄影形式。与其他摄影形成不同，黑白摄影通过去除彩色元素，专注于表达照片中的光影、纹理、形态和构图等。通过黑白摄影，摄影师可以更加关注照片中的形式美、光影变化、纹理和细节。

黑白照片能够以更简洁、纯粹的方式表达主题和情感，使观者更加专注于照片所传达的意境和感受。本节以ChatGPT和Midjourney为例，介绍生成黑白摄影作品的操作方法。

10.4.1 复制并粘贴文案

扫码看教学视频

黑白摄影图片可以使观者更加集中于照片的主题和构图。首先使用ChatGPT快速得到黑白摄影的关键词文案，复制并粘贴到Midjourney当中，具体操作方法如下。

步骤 01 在ChatGPT中输入“请根据‘黑白摄影’生成10个关键词”，ChatGPT的回答如图10-29所示。

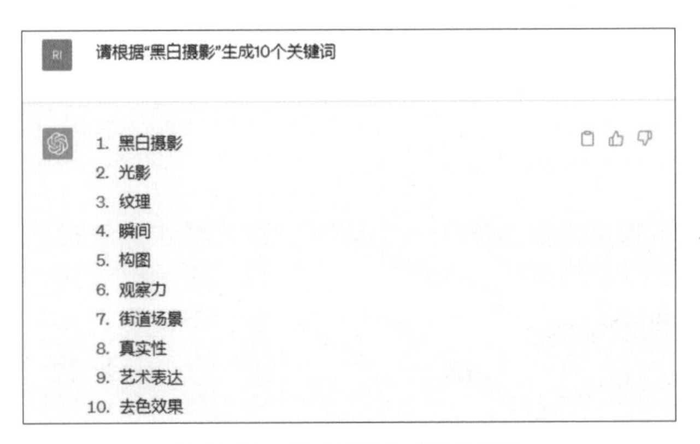

图 10-29 ChatGPT 生成的关键词

步骤 02 选取其中合适的关键词，将这些关键词使用百度翻译转换成英文，如图10-30所示。

图 10-30 将关键词转换成英文

步骤03 在Midjourney下面的输入框内输入/，在弹出的列表中选择/imagine指令，如图10-31所示。

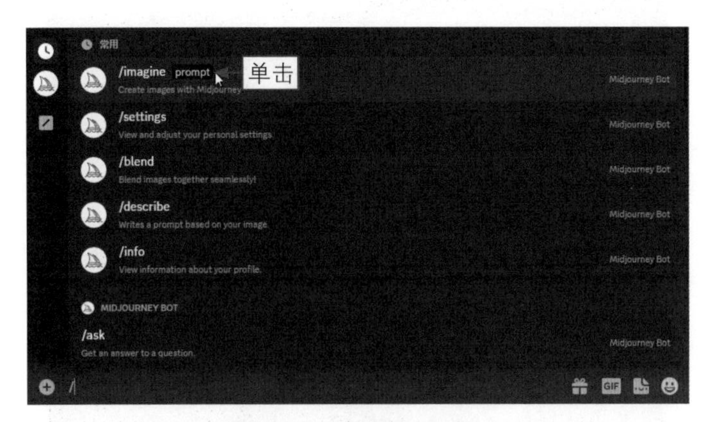

图 10-31　选择 /imagine 指令

步骤04 将关键词复制并粘贴到/imagine指令的后面，如图10-32所示。

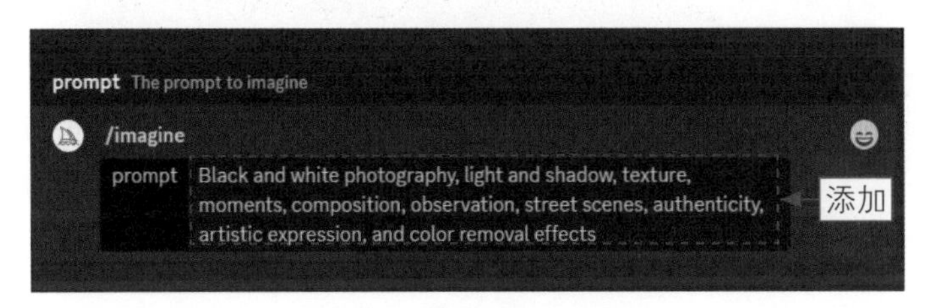

图 10-32　复制并粘贴关键词

10.4.2　等待生成图片

把利用ChatGPT生成的关键词转换成英文复制并粘贴到/imagine指令的后面，然后添加特定的关键词，即可生成更加清晰的黑白摄影图片，具体的操作方法如下。

步骤01 在关键词中加入“32k uhd”（Ultra High Definition，超高清），如图10-33所示，可以使画面更加清晰。

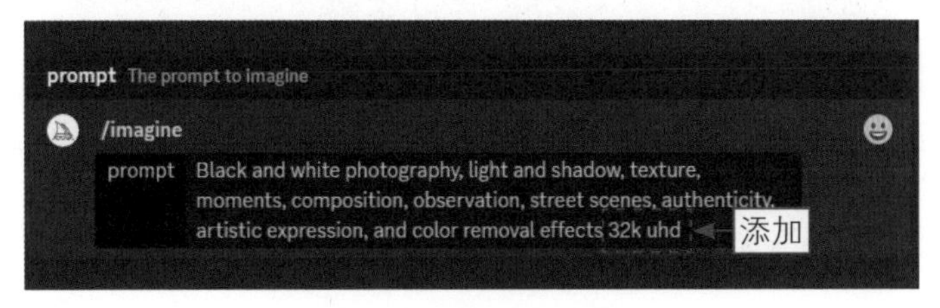

图 10-33　添加相应关键词

步骤02 按【Enter】键确认，即可生成相应的黑白摄影作品，如图10-34所示。

图 10-34　生成相应的黑白摄影作品

步骤03 在生成的4张图片当中，选择其中最合适的一张。这里选择第4张，单击U4按钮，如图10-35所示。

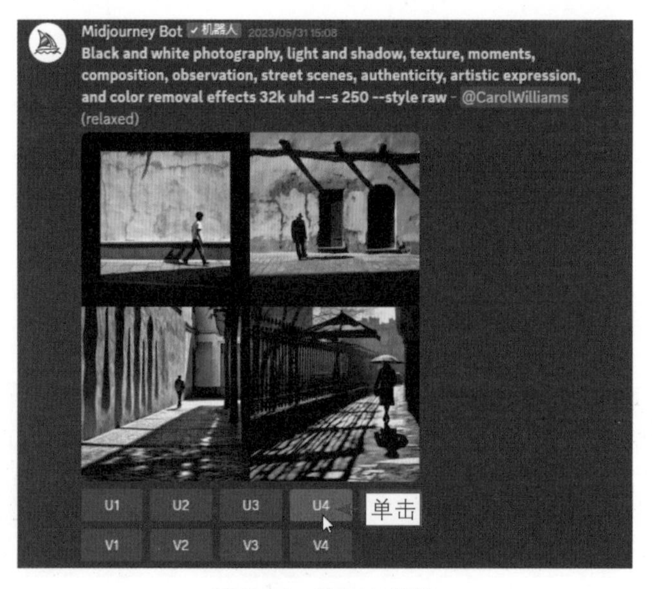

图 10-35　单击 U4 按钮

步骤 04 执行操作后，Midjourney将在第4张图片的基础上进行更加精细的刻画，并放大图片，效果如图10-36所示。

图 10-36　放大图片后的效果

本章小结

本章主要向读者介绍了 AI 摄影的相关知识，帮助读者了解了风光摄影、人像摄影、建筑摄影以及黑白摄影等内容。通过对本章的学习，读者能够更好地使用 AI 生成独具一格的摄影作品。

课后习题

鉴于本章知识的重要性，为了帮助读者更好地掌握所学知识，本节将通过课后习题，帮助读者进行简单的知识回顾和补充。

1. 生成一张人像摄影图片。
2. 生成一张建筑摄影图片。

第 11 章　艺术风格，机器展现妙手丹青

AI 绘画中的艺术风格是指用户在创作中所表现出的美学风格和个人创造性，它通常涵盖了构图、光线、色彩、题材和处理技巧等多种因素，以体现作品的独特视觉语言和作者的审美追求。

11.1 生成艺术风格的文案

艺术风格是指艺术作品中呈现出的独特风格和审美表达方式，亦指艺术作品在内容与形式等层面所表现出来的创作个性，反映了作者对画面的理解和表达。本节将深入探讨各种艺术风格，生成各类艺术风格的文案。

11.1.1　生成艺术风格的相关信息

扫码看教学视频

在制作艺术图片之前，我们需要使用ChatGPT来快速得到艺术风格的相关信息。下面以ChatGPT为例，介绍如何生成艺术风格的相关信息。

步骤 01 在ChatGPT中输入“什么是艺术风格”，按【Enter】键，ChatGPT的回答如图11-1所示。

什么是艺术风格

艺术风格是指艺术作品在表现形式、技巧运用、主题内容等方面所展现出来的独特特征和风格特点。它是艺术作品的个性化表达，反映了艺术家的创作风格、审美取向和个人特点。

艺术风格通常是在一定的时代、地域或文化背景下形成和发展的。它可以根据不同的艺术门类进行分类，如绘画、雕塑、建筑、音乐、舞蹈等。

艺术风格的形成和演变受到多种因素的影响，包括历史、社会、文化、技术等。艺术家通过对媒介、材料、技巧和主题的选择和运用，塑造出独特的艺术语言和视觉效果，从而形成特定的艺术风格。

图 11-1　“什么是艺术风格”的回答

步骤 02 继续向ChatGPT提问，在ChatGPT中输入“有哪些艺术风格”，随后ChatGPT列举了多种艺术风格，如图11-2所示。

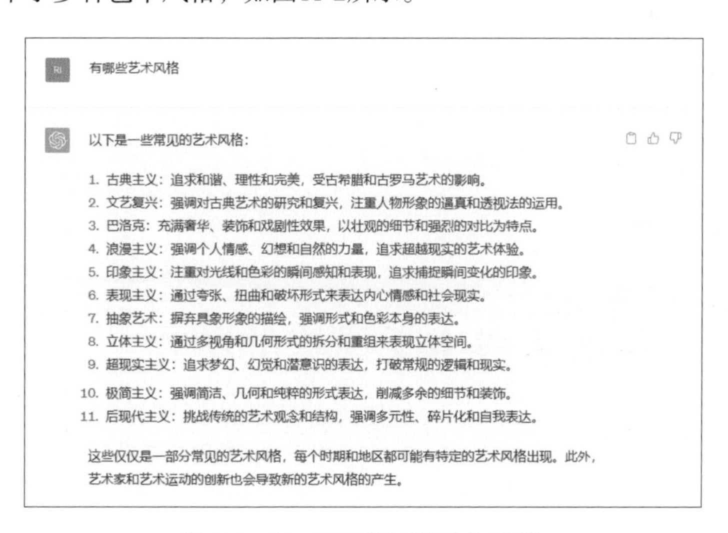

图 11-2　ChatGPT 列举了多种艺术风格

11.1.2 提取关键词

在了解到艺术风格的相关信息后，我们可以使用ChatGPT快速得到需要的艺术风格的关键词文案，具体操作方法如下。

步骤 01 以“古典主义”为例，让ChatGPT继续生成对应的文案。在下方输入“请根据‘古典主义’生成10个关键词”，ChatGPT的回答如图11-3所示。

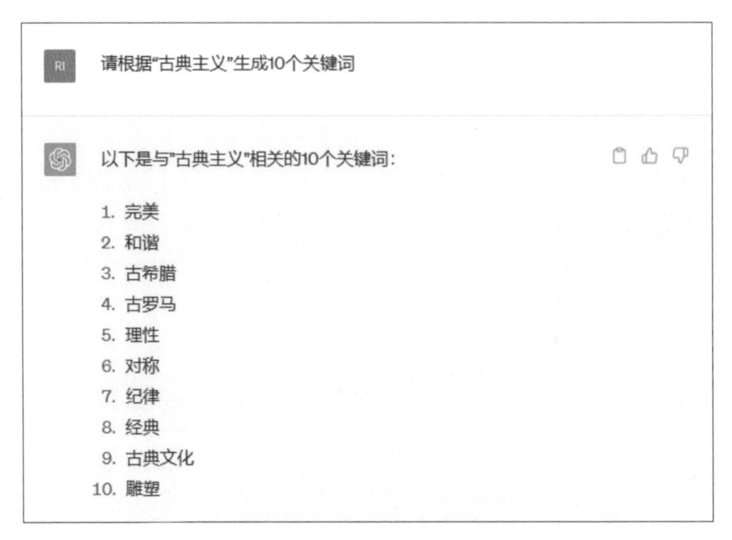

图 11-3　ChatGPT 生成的关键词

步骤 02 选取其中合适的关键词，将这些关键词使用百度翻译转换成英文，如图11-4所示。

图 11-4　将关键词转换成英文

11.2 生成古典主义风格的图片

古典主义（Classicism）风格是指在艺术创作中模仿和传承古希腊和古罗马艺术的一种风格。它起源于欧洲文艺复兴时期，兴盛于18世纪的欧洲，成为一种重要的艺术潮流。

古典主义风格注重作品的整体性和平衡感，追求具有艺术张力和现代感的艺术作品。本节以Midjourney为例，介绍生成古典主义风格图片的操作方法。

11.2.1　复制并粘贴文案

扫码看教学视频

将生成的关键词转换为英文后，复制并粘贴到Midjourney当中，即可通过Midjourney生成古典主义风格的图片，具体的操作方法如下。

步骤 01 在Midjourney下面的输入框内输入/，在弹出的列表中选择/imagine指令，如图11-5所示。

图 11-5　选择 /imagine 指令

步骤 02 将关键词复制并粘贴到指令的后面，如图11-6所示。

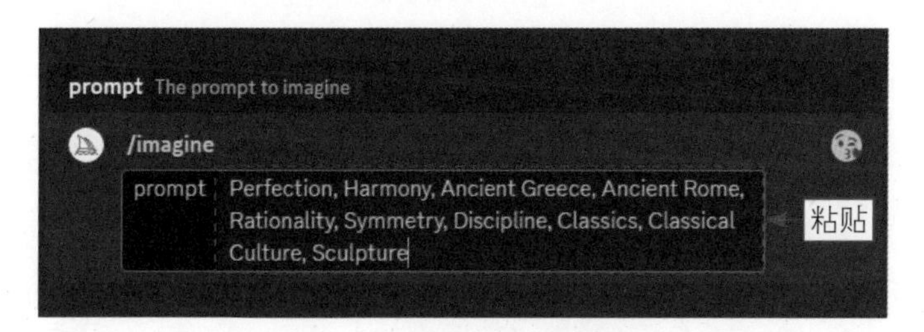

图 11-6　复制并粘贴关键词

11.2.2　等待生成图片

扫码看教学视频

把利用ChatGPT生成的关键词转换成英文后，将其复制并粘贴到/imagine指令的后面，然后使用命令参数来改变画面的尺寸，即可生成古典主义风格的图片，具体的操作方法如下。

步骤 01 在关键词的后面添加命令参数--ar 16：9，如图11-7所示，即可改变图片的尺寸。

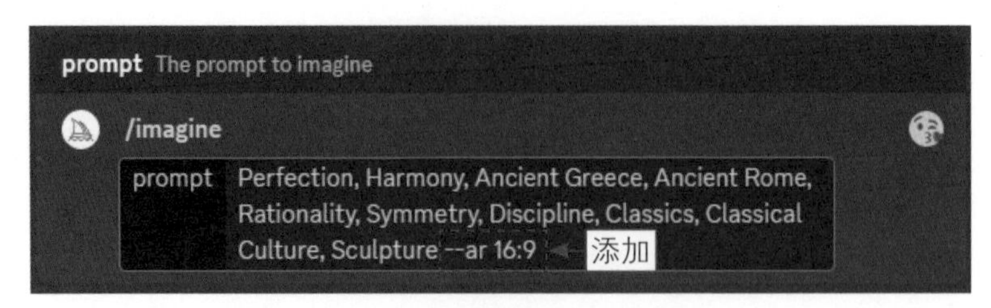

图 11-7 添加相应的命令参数

步骤 02 按【Enter】键确认，即可生成古典主义风格的图片，如图11-8所示。

图 11-8 生成古典主义风格的图片

步骤 03 在生成的4张图片当中，选择第4张，单击U4按钮，如图11-9所示。

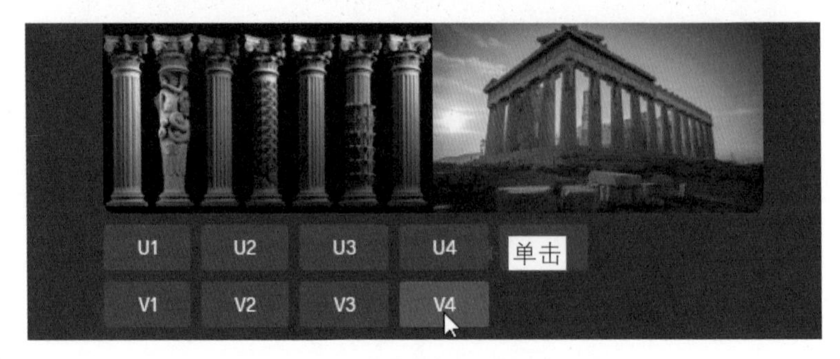

图 11-9 单击 U4 按钮

步骤 04 执行操作后，Midjourney将在第4张图片的基础上进行更加精细的刻画，并放大图片，效果如图11-10所示。

图 11-10　放大图片后的效果

11.3 生成印象主义风格的图片

印象主义（Impressionism）风格是一种强调情感表达和氛围感受的艺术风格，它强调对光线、色彩和瞬间感知的捕捉和表现，在构图时注重景深和镜头虚化等视觉效果，以打造出柔和流动的画面感，从而传递给观众特定的氛围和情绪。本节以ChatGPT和Midjourney为例，介绍生成印象主义风格图片的操作方法。

11.3.1 复制并粘贴文案

扫码看教学视频

印象主义风格追求描绘出生动和真实的视觉印象，提出了新的观念和实践。用户可以使用ChatGPT快速得到印象主义风格的关键词文案，然后复制并粘贴到Midjourney当中，具体操作方法如下。

步骤 01 在ChatGPT中输入“请根据‘印象主义’生成10个关键词”，ChatGPT的回答如图11-11所示。

步骤 02 选取其中合适的关键词，将这些关键词使用百度翻译转换成英文，如图11-12所示。

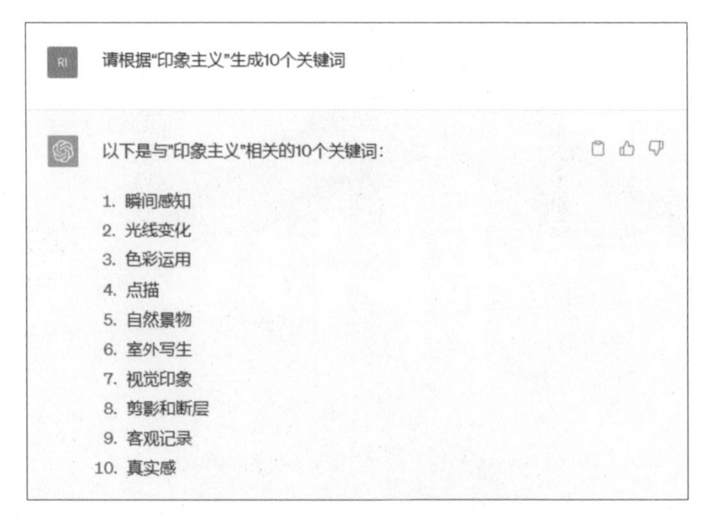

图 11-11　ChatGPT 生成的关键词

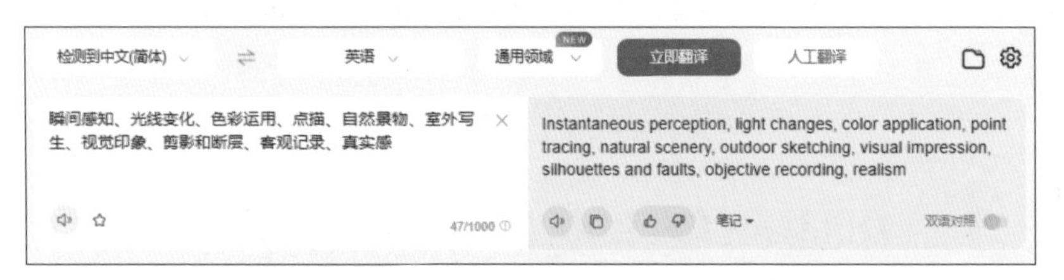

图 11-12　将关键词转换成英文

步骤03 在Midjourney下面的输入框内输入/，在弹出的列表中选择/imagine指令，如图11-13所示。

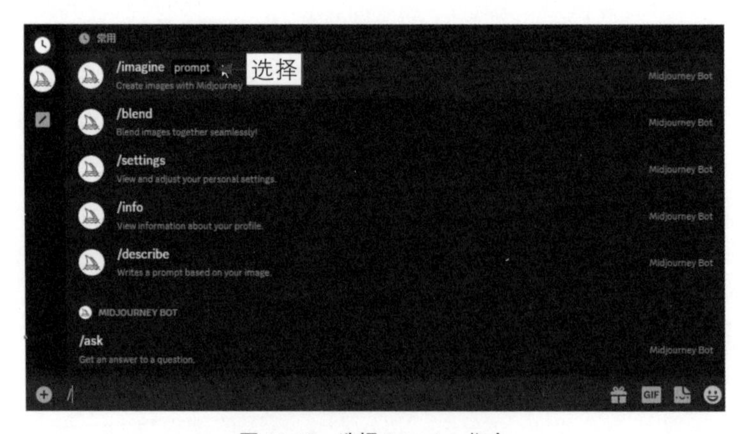

图 11-13　选择 /imagine 指令

步骤04 将关键词复制并粘贴到指令的后面，如图11-14所示。

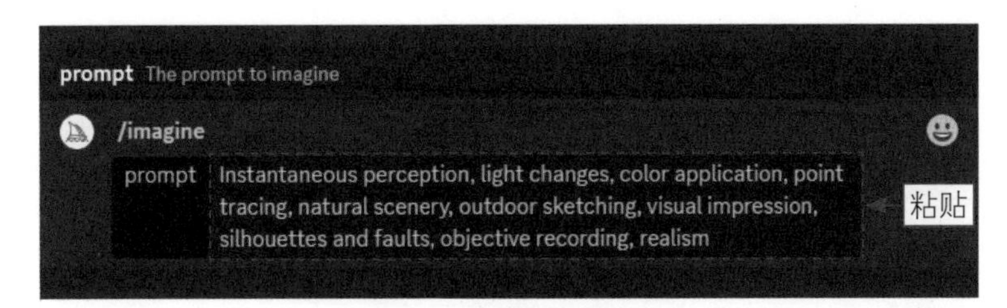

图 11-14　复制并粘贴关键词

11.3.2　等待生成图片

扫码看教学视频

将关键词复制并粘贴到/imagine指令的后面，然后在关键词的后面加入命令参数来改变画面的尺寸，即可生成印象主义风格的图片，具体的操作方法如下。

步骤 01 在关键词的后面添加命令参数--ar 16：9，如图11-15所示，即可改变图片的尺寸。

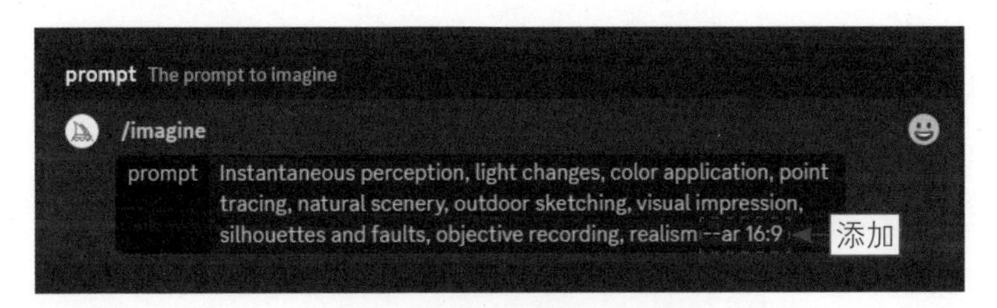

图 11-15　添加相应的命令参数

步骤 02 按【Enter】键确认，即可生成印象主义风格的图片，如图11-16所示。

图 11-16　生成印象主义风格的图片

步骤 03 在生成的4张图片当中，选择第4张，单击U4按钮，如图11-17所示。

图 11-17　单击 U4 按钮

步骤 04 执行操作后，Midjourney将在第4张图片的基础上进行更加精细的刻画，并放大图片，效果如图11-18所示。

图 11-18　放大图片的效果

11.4 生成抽象主义风格的图片

抽象主义（Abstractionism）风格是一种以形式、色彩为重点的艺术风格，通过结合主体对象和环境中的构成、纹理、线条等元素进行创作，将原来真实的景象转化为抽象的图像，传达出一种突破传统审美习惯的审美挑战。本节以ChatGPT和Midjourney为例，介绍生成抽象主义风格图片的操作方法。

11.4.1　复制并粘贴文案

扫码看教学视频

抽象主义风格的作品通过对形式和色彩的运用，强调线条的独立性和自由性。使用ChatGPT快速得到抽象主义风格的关键词文案，然后将文案复制并粘贴到Midjourney当中，具体操作方法如下。

步骤 01 在ChatGPT中输入“请根据‘抽象主义’生成10个关键词”，ChatGPT的回答如图11-19所示。

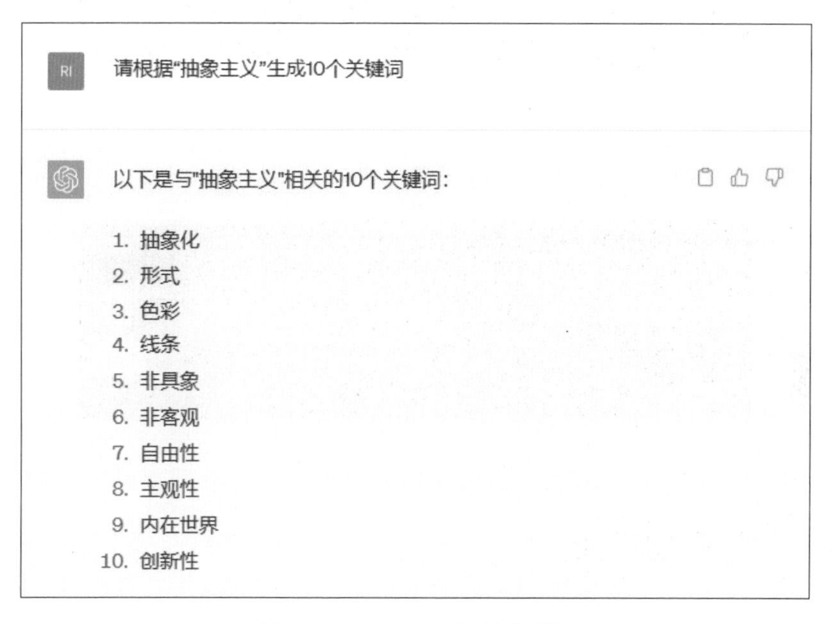

图 11-19　ChatGPT 生成的关键词

步骤 02 选取其中合适的关键词，将这些关键词使用百度翻译转换成英文，如图11-20所示。

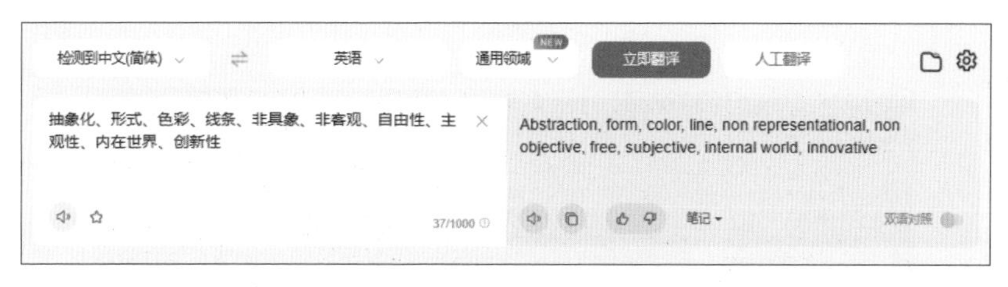

图 11-20　将关键词转换成英文

步骤 03 在Midjourney下面的输入框内输入/，在弹出的列表中选择/imagine指令，如图11-21所示。

图 11-21　选择 /imagine 指令

步骤 04 将关键词复制并粘贴到指令的后面，如图11-22所示。

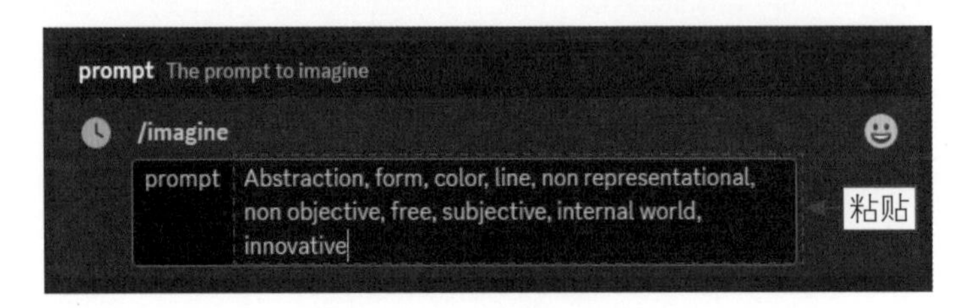

图 11-22　复制并粘贴关键词

11.4.2 等待生成图片

扫码看教学视频

将关键词复制并粘贴到/imagine指令的后面之后，用户可以将艺术家皮特·科内利斯·蒙德里安的名字插入到关键词当中来模仿他的风格，从而生成具有该艺术家风格的抽象主义图片，具体的操作方法如下。

步骤 01 在关键词中加入“piet cornelies mondrian（皮特·科内利斯·蒙德里安）”，如图11-23所示，可以模仿该著名抽象艺术家的风格。

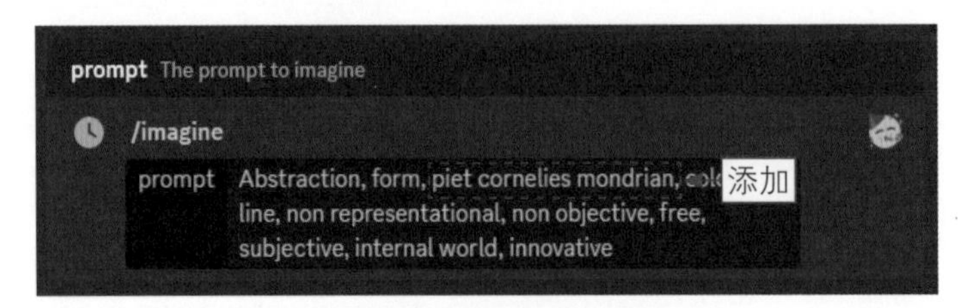

图 11-23　添加相应的关键词

步骤 02 按【Enter】键确认，即可生成抽象主义风格的图片，如图11-24所示。

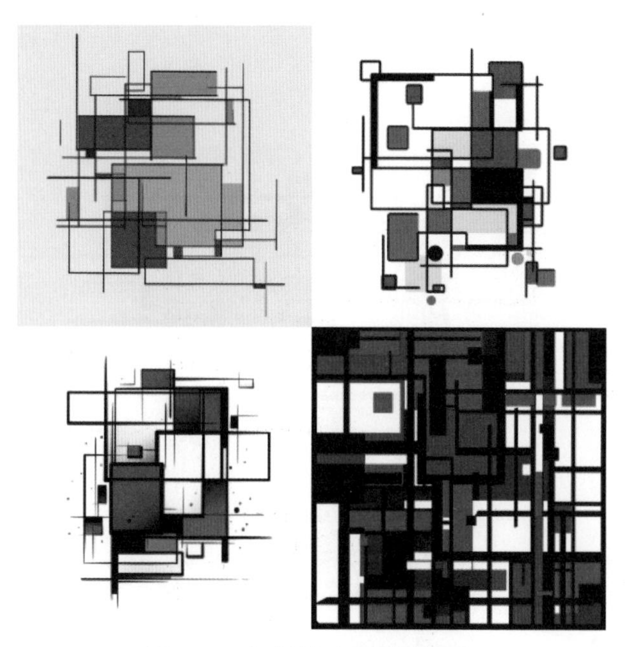

图 11-24　生成抽象主义风格的图片

步骤 03 在生成的4张图片当中，选择其中最合适的一张。这里选择第3张，单击U3按钮，如图11-25所示。

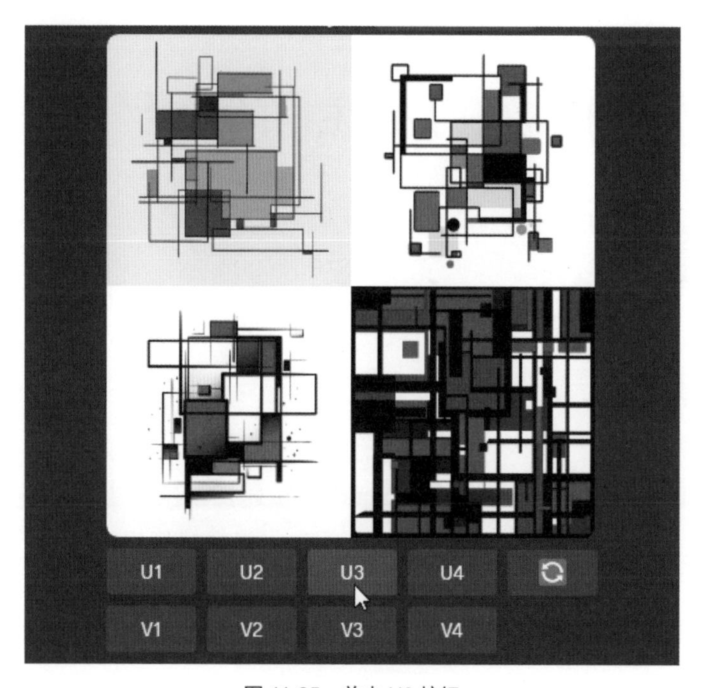

图 11-25　单击 U3 按钮

步骤 04 执行操作后，Midjourney将在第3张图片的基础上进行更加精细的刻画，并放大图片，效果如图11-26所示。

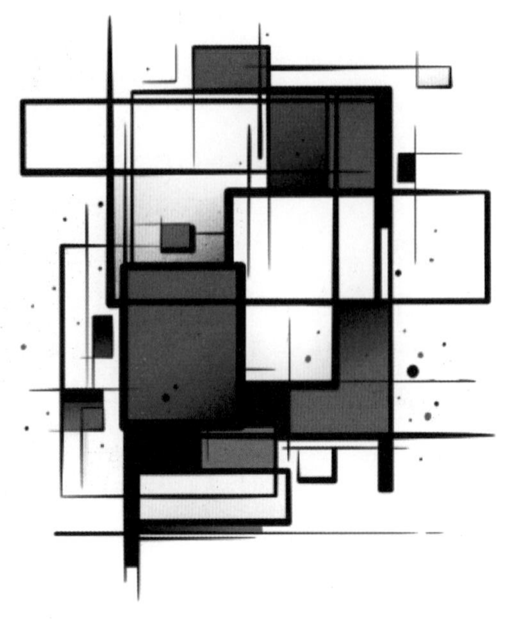

图 11-26　放大图片后的效果

11.5 生成极简主义风格的图片

极简主义（Minimalism）风格是一种强调简洁、精确和最少化表达的艺术风格。它追求减少不必要的元素和装饰，以最简单的形式传达出清晰而精确的信息。本节以ChatGPT和Midjourney为例，介绍生成极简主义风格图片的操作方法。

11.5.1 生成并复制文案

扫码看教学视频

极简主义风格在艺术和设计等领域有着广泛的应用，通过最少的元素来引起观者的共鸣。我们可以使用ChatGPT快速得到极简主义风格的关键词文案，然后复制并粘贴到Midjourney当中，具体操作方法如下。

步骤 01 在ChatGPT中输入“请根据‘极简主义’生成10个关键词”，ChatGPT的回答如图11-27所示。

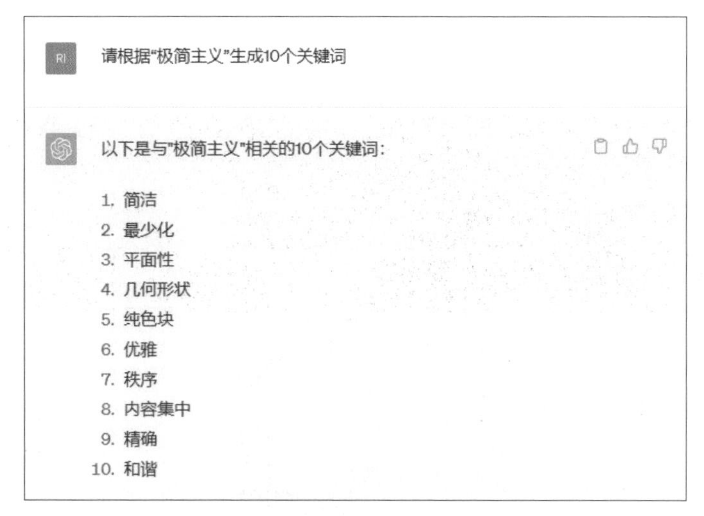

图 11-27　ChatGPT 生成的关键词

步骤 02 选取其中合适的关键词，将这些关键词使用百度翻译转换成英文，如图11-28所示。

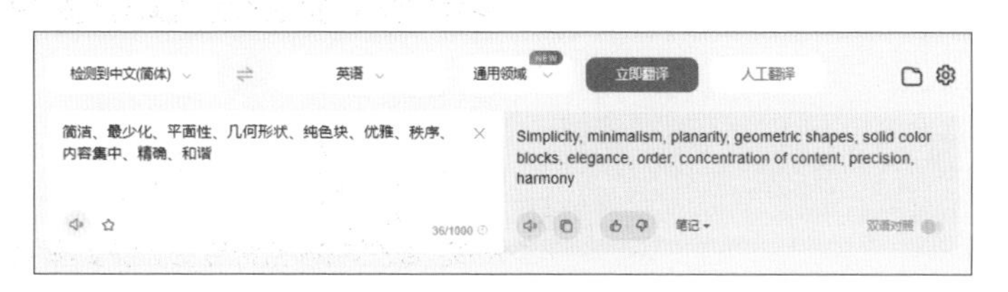

图 11-28　将关键词转换成英文

步骤 03 将关键词复制并粘贴到/imagine指令的后面，如图11-29所示。

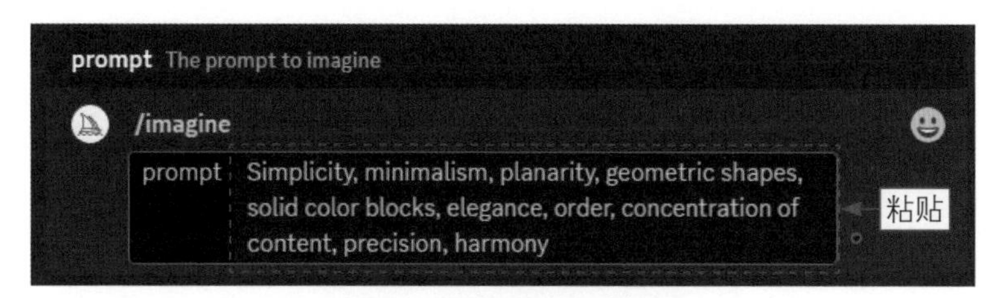

图 11-29　复制并粘贴关键词

11.5.2　等待生成图片

扫码看教学视频

将关键词复制并粘贴到/imagine指令的后面之后，用户可以将艺术家唐纳德・贾德的名字插入到关键词当中来模仿他的风格，从而生成具有该艺术家风格的极简主义图片，具体的操作方法如下。

步骤01 在关键词中加入“donald judd（唐纳德·贾德）--ar 16：9”，如图11-30所示，即可模仿该著名极简主义艺术家的风格以及改变图片的比例。

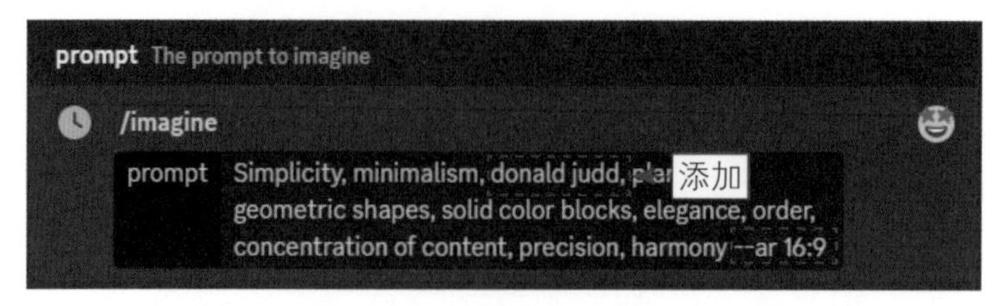

图 11-30 添加相应的关键词

步骤02 按【Enter】键确认，即可生成极简主义风格的图片，如图11-31所示。

图 11-31 生成极简主义风格的图片

步骤03 选择第1张图片进行放大，单击U1按钮，随后Midjourney将在第1张图片的基础上进行更加精细的刻画，并放大图片，效果如图11-32所示。

图 11-32 放大图片后的效果

本章小结

本章主要向读者介绍了生成艺术风格图片的相关知识，帮助读者了解了生成古典主义风格图片、印象主义风格图片、抽象主义风格图片以及极简主义风格图片的操作技巧。希望读者多加练习，能够更好地掌握生成艺术风格图片的操作方法。

课后习题

鉴于本章知识的重要性，为了帮助读者更好地掌握所学知识，本节将通过课后习题，帮助读者进行简单的知识回顾和补充。

1. 使用 ChatGPT 和 Midjourney 生成一张印象主义风格的图片。
2. 使用 ChatGPT 和 Midjourney 生成一张抽象主义风格的图片。

第 12 章　海报风格，视觉传达意境生动

海报设计多种多样，根据宣传目的和目标受众的不同，可以采用各种风格、颜色和排版方式。在数字时代，海报也可以电子形式存在，例如在网站、社交媒体平台或电子显示屏上展示，以确保海报能够有效地传达所需的信息并引起观众的兴趣。

12.1 生成海报设计文案

海报大多用于戏剧或电影等演出活动的招贴和新品的宣传当中，利用图片、文字、色彩和空间等要素进行完整的结合。海报设计是视觉传达的表现形式之一，通过版面的排版来吸引观者的眼球。本节以ChatGPT为例，介绍生成海报设计文案的操作方法。

12.1.1　海报相关信息

扫码看教学视频

在制作海报之前，用户需要使用ChatGPT来快速得到海报的相关信息。下面以ChatGPT为例，介绍生成海报设计相关信息的操作方法。

步骤 01 在ChatGPT中输入“什么是海报”，按【Enter】键，ChatGPT的回答如图12-1所示。

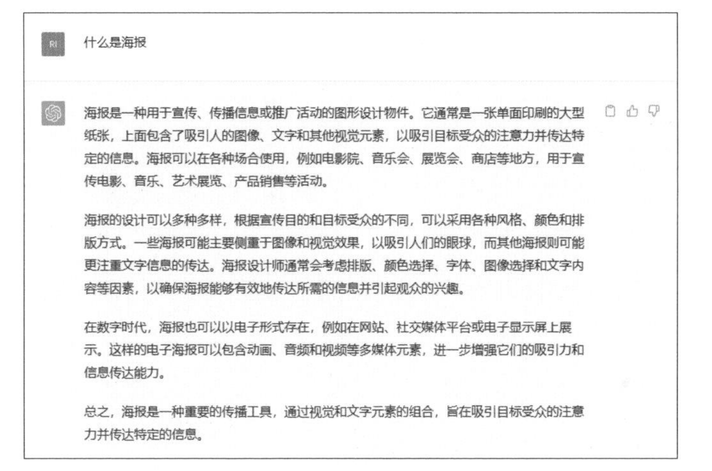

图 12-1　“什么是海报”的回答

步骤 02 继续向ChatGPT提问，在ChatGPT中输入“海报可以用于哪些场景”。随后，ChatGPT列举了海报的多个应用场景，如图12-2所示。

海报可以用于哪些场景

海报是一种多功能的宣传工具，适用于多种场景和活动。以下是一些常见的场景和活动，可以使用海报进行宣传和推广：

1. 电影院和剧院：电影院和剧院常常使用海报来宣传即将上映的

图 12-2

电影、戏剧和音乐会。海报可以展示电影或表演的主要角色、剧情梗概、日期、时间和场地等信息。

2. 音乐会和演唱会：音乐会和演唱会的海报可以宣传演出的艺术家、音乐风格、日期、时间和票务信息。海报还可以通过视觉元素和设计风格来传达音乐会的氛围和风格。
3. 展览和艺术活动：艺术展览、画廊和艺术活动常常使用海报来宣传艺术家、展览主题、时间、地点和参观信息。海报可以展示艺术品的图像、创作风格和艺术家的背景介绍。
4. 商店和产品促销：商店可以使用海报来宣传特定产品的促销活动、折扣信息和优惠券。海报可以展示产品的图像、特点和价格，吸引潜在顾客的注意力。
5. 学校和大学活动：学校和大学可以使用海报来宣传学校的活动、讲座、招生信息和社团活动。海报可以展示活动的主题、日期、时间和地点，吸引学生和教职员工的参与。
6. 社区和慈善活动：社区组织、慈善机构和非营利组织可以使用海报来宣传社区活动、慈善募捐活动和志愿者招募。海报可以传达活动的目的、日期、时间和地点，鼓励社区参与和支持。
7. 旅游和景点推广：旅游机构、旅行社和景点可以使用海报来宣传旅游目的地、景点特色和旅游套餐。海报可以展示美丽的风景、文化元素和旅行的诱人特点。

图 12-2　ChatGPT 列举了海报的应用场景

12.1.2　提取关键词

扫码看教学视频

在了解到海报的相关信息后，用户可以使用ChatGPT快速得到需要的海报关键词文案，具体操作方法如下。

步骤 01 以“电影海报”为例，在ChatGPT中输入“请根据‘电影海报’生成10个关键词”，ChatGPT的回答如图12-3所示。

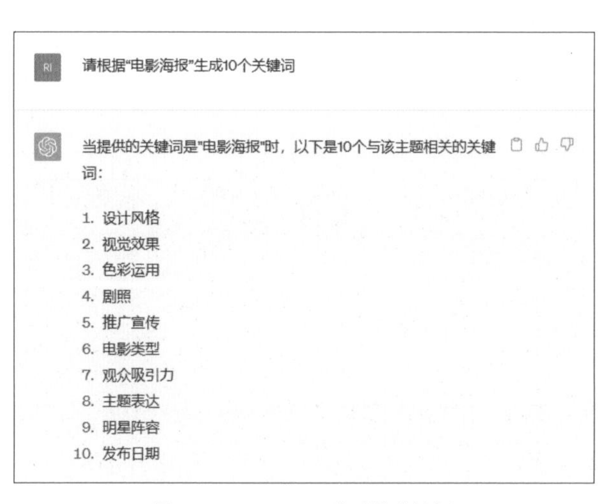

图 12-3　ChatGPT 生成的关键词

步骤 02 选取其中合适的关键词，将这些关键词使用百度翻译转换成英文，如图12-4所示。

图 12-4　将关键词转换成英文

12.2 生成电影海报

电影海报是用于宣传和推广电影的一种视觉宣传工具，通常用于在电影院、媒体渠道和线上平台展示和宣传电影。海报的设计和内容旨在引起观众的兴趣，并且能够让观众了解更多相关信息。

电影海报在电影行业中扮演着重要的角色，它们不仅是吸引观众的工具，也是电影的品牌宣传和市场推广的一部分。本节以Midjourney为例，介绍生成电影海报的操作方法。

12.2.1 复制并粘贴文案

将生成的关键词转换为英文后，复制并粘贴到Midjourney当中，即可通过Midjourney生成电影海报，具体的操作方法如下。

扫码看教学视频

步骤 01 在Midjourney下面的输入框内输入/，在弹出的列表中选择/imagine指令，如图12-5所示。

图 12-5　选择 /imagine 指令

步骤 02 将关键词复制并粘贴到指令的后面，如图12-6所示。

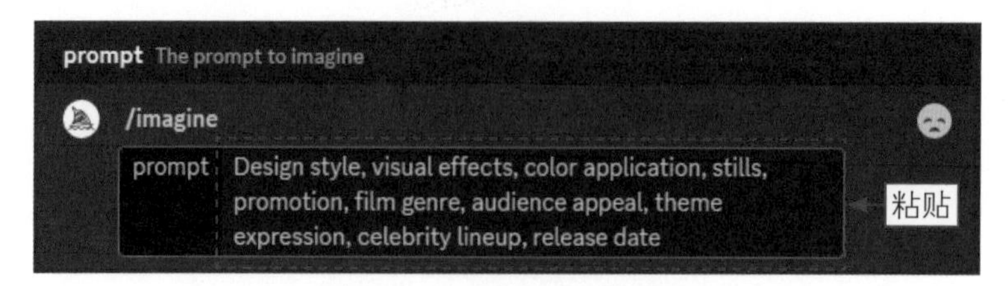

图 12-6 复制并粘贴关键词

12.2.2 等待生成图片

扫码看教学视频

将关键词复制并粘贴到/imagine指令的后面，然后添加命令参数来改变海报的比例，即可生成一张效果不错的电影海报，具体的操作方法如下。

步骤 01 在关键词的后面添加命令参数--ar 3:4，如图12-7所示，即可改变图片的尺寸。

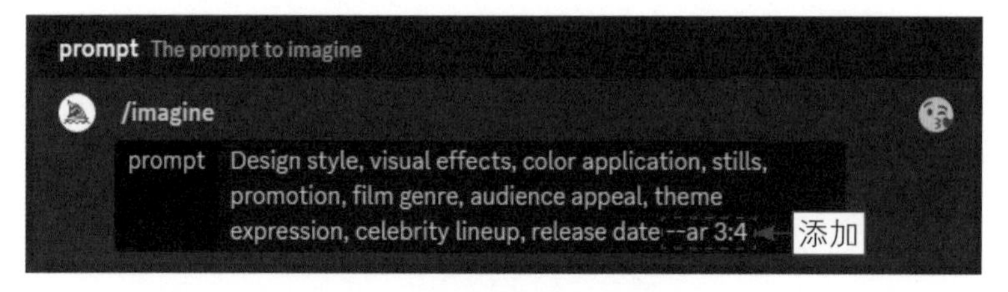

图 12-7 添加相应的命令参数

步骤 02 按【Enter】键确认，即可生成电影海报，如图12-8所示。

图 12-8　生成电影海报

步骤 03 选择第2张海报进行放大，单击U2按钮，随后Midjourney将在第2张海报的基础上进行更加精细的刻画，并放大海报，效果如图12-9所示。

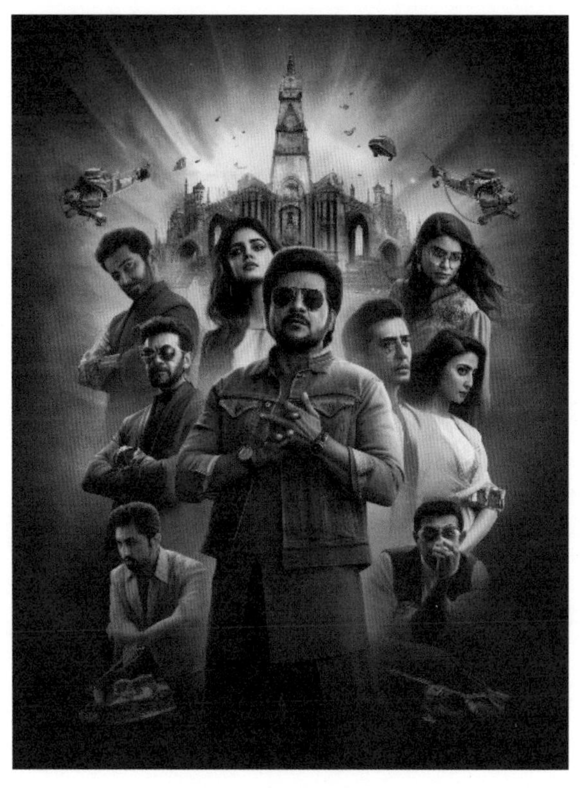

图 12-9　放大海报后的效果

12.3 生成演唱会海报

演唱会海报是用于宣传和推广演唱会的一种视觉宣传工具。通常用于在音乐场馆和社交媒体上展示和宣传演唱会。海报的设计和内容是为了通过视觉上的吸引力和信息传递来吸引观众的关注和参与。本节以Midjourney为例，介绍生成演唱会海报的操作方法。

12.3.1 复制并粘贴文案

扫码看教学视频

演唱会海报都是通过精心设计的艺术元素来吸引观众的注意力的，传达演唱会的主题。用户可以使用ChatGPT快速得到演唱会海报的关键词文案，复制并粘贴到Midjourney当中，具体操作方法如下。

步骤 01 在ChatGPT中输入“请根据‘演唱会海报’生成10个关键词”，ChatGPT的回答如图12-10所示。

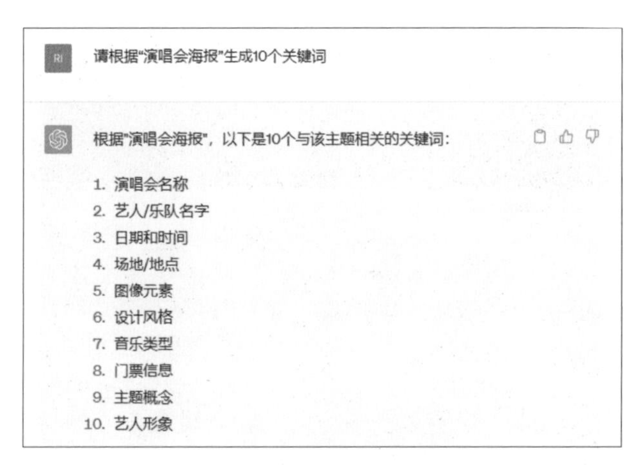

图 12-10　ChatGPT 生成的关键词

步骤 02 选取其中合适的关键词，将这些关键词使用百度翻译转换成英文，如图12-11所示。

图 12-11　将关键词转换成英文

步骤 03 在Midjourney下面的输入框内输入/，在弹出的列表中选择/imagine指令，如图12-12所示。

图 12-12　选择 /imagine 指令

步骤 04 将关键词复制并粘贴到指令的后面，如图12-13所示。

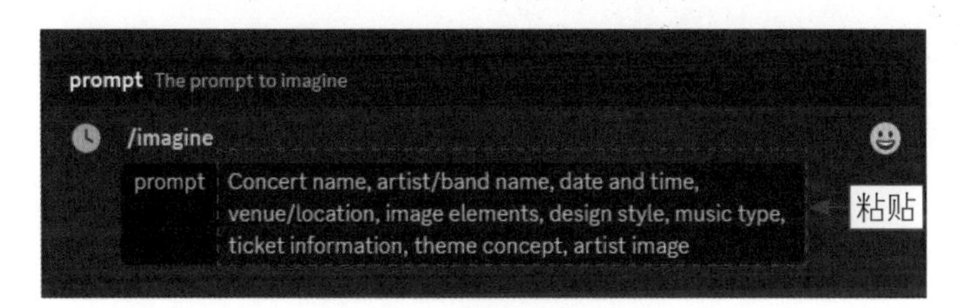

图 12-13　复制并粘贴关键词

12.3.2　等待生成图片

扫码看教学视频

将关键词复制并粘贴到/imagine指令的后面，然后添加命令参数来改变海报的比例，即可生成一张效果不错的演唱会海报，具体的操作方法如下。

步骤 01 在关键词的后面添加命令参数--ar 4:3，如图12-14所示，即可改变图片的尺寸。

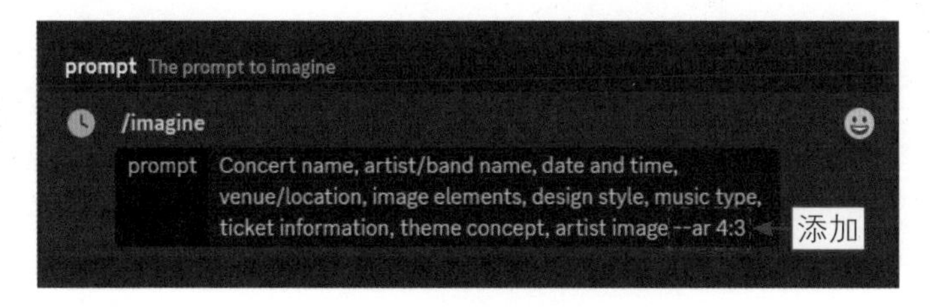

图 12-14　添加相应的命令参数

步骤 02 按【Enter】键确认，即可生成演唱会海报，如图12-15所示。

图 12-15　生成演唱会海报

步骤 03 选择第2张海报进行放大，单击U2按钮，随后Midjourney将在第2张海报的基础上进行更加精细的刻画，并放大海报，效果如图12-16所示。

图 12-16　海报放大效果

12.4 生成艺术展览海报

艺术展览海报是用于宣传和推广艺术展览的一种视觉宣传工具。通常用于在画廊、博物馆、展览馆和线上平台展示和宣传艺术展览。海报通过视觉上的吸引力和艺术元素的展示，为观众提供展览的概要，鼓励观众参与和体验艺术展览。本节以Midjourney为例，介绍生成艺术展览海报的操作方法。

12.4.1　复制并粘贴文案

扫码看教学视频

艺术展览海报可以提高展览的知名度，并促使观众了解作品的更多相关信息。用户可以使用ChatGPT快速得到艺术展览海报的关键词文案，复制并粘贴到Midjourney当中，具体操作方法如下。

步骤 01 在ChatGPT中输入“请根据‘艺术展览海报’生成10个关键词”，ChatGPT的回答如图12-17所示。

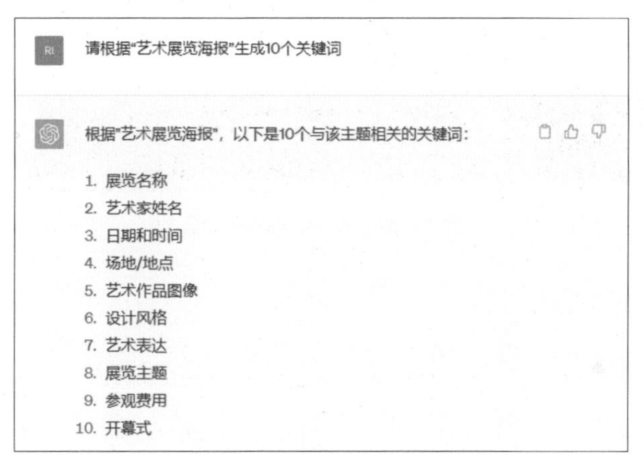

图 12-17　ChatGPT 生成的关键词

步骤 02 选取其中合适的关键词，将这些关键词使用百度翻译转换成英文，如图12-18所示。

图 12-18　将关键词转换成英文

步骤03 在Midjourney下面的输入框内输入/，在弹出的列表中选择/imagine指令，如图12-19所示。

图 12-19 选择 /imagine 指令

步骤04 将关键词复制并粘贴到指令的后面，如图12-20所示。

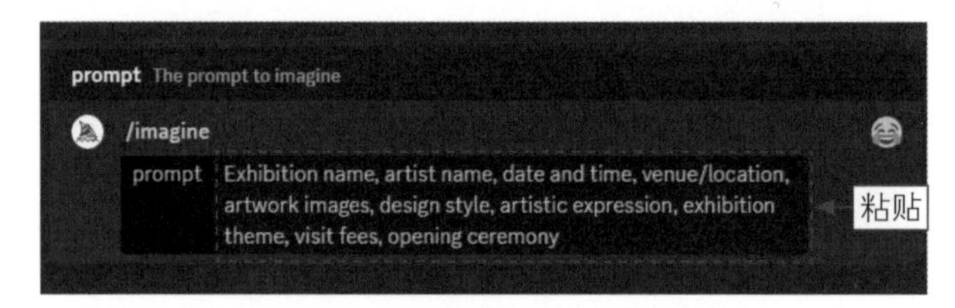

图 12-20 复制并粘贴关键词

12.4.2 等待生成图片

扫码看教学视频

将艺术展览海报的关键词复制并粘贴到/imagine指令的后面，然后添加命令参数修改海报的比例，即可生成一张效果不错的艺术展览海报，具体的操作方法如下。

步骤01 在关键词的后面添加命令参数--ar 3:4，如图12-21所示，即可改变图片的比例。

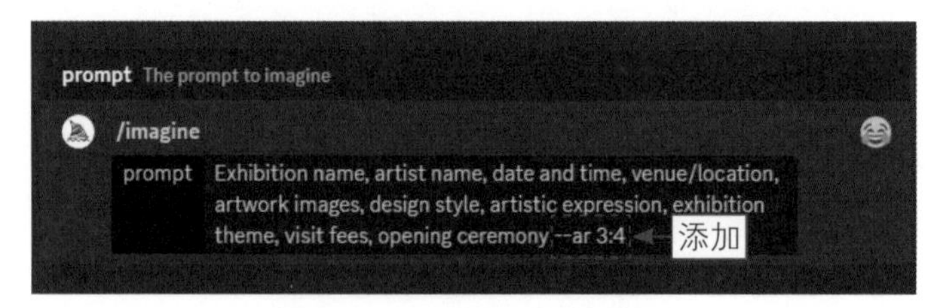

图 12-21 添加相应的命令参数

步骤 02 按【Enter】键确认，即可生成艺术展览海报，如图12-22所示。

图 12-22　生成艺术展览海报

步骤 03 选择第3张海报进行放大效果，单击U3按钮，随后Midjourney将在第3张海报的基础上进行更加精细的刻画，并放大海报，效果如图12-23所示。

图 12-23　海报放大效果

本章小结

本章主要向读者介绍了使用 AI 生成海报的相关知识，具体内容包括电影海报、演唱会海报以及艺术展览海报。通过对本章的学习，读者多加练习，能够更好地掌握生成海报的操作方法。

课后习题

鉴于本章知识的重要性，为了帮助读者更好地掌握所学知识，本节将通过课后习题，帮助读者进行简单的知识回顾和补充。

1. 使用 ChatGPT 和 Midjourney 生成一张电影海报。
2. 使用 ChatGPT 和 Midjourney 生成一张产品宣传海报。